JN156567

口絵１　京都府南丹市京都大学芦生研究林赤崎谷

この場所には、モミジチャルメルソウのほかに、チャルメルソウ、コチャルメルソウの計３種が混生する。2005 年５月撮影の写真だが、現在の芦生の森はシカの食害のため林床植生が荒廃し、変わり果ててしまった。

口絵２　典型的な花と送粉者の関係

(A) ハナバチ媒花（オドリコソウ）とトラマルハナバチ、(B) スズメガ媒花（カラスウリ）とシモフリスズメ、(C) ハナアブ媒花（オオシマノジギク）とホソヒラタアブ、(D) 甲虫媒花（ウヴァリア・マクロフィラ）とカミキリモドキの１種。

口絵３　チャルメルソウの花に訪花したミカドシギキノコバエ（上）と、コチャルメルソウの花に訪花した口吻の発達しないキノコバエの１種（*Boletina* sp.）（下）

口絵 4　チャルメルソウ属（*Mitella*）に見られる花の多様性（上段）と、明らかになった送粉者との関係（下段）

(A) コチャルメルソウ、(B) サカサチャルメルソウ、(C) マルバチャルメルソウ、(D) シコクチャルメルソウ、(E) ジュウジチャルメルソウ、(F) フタバチャルメルソウ。見かけに反し、縦の2種どうし（A と D、B と E、C と F）がそれぞれ近縁であることが分子系統解析の結果から明らかになった。[下段 F の写真は Heather Holm 氏の厚意による]

口絵５　チャルメルソウ（上の紫枠）とコチャルメルソウ（下の緑枠）の自生地での姿と、それぞれの種の花の拡大写真

両種は姉妹種の関係にあるが、その形質はあらゆる点で著しく異なっている。

シリーズ・遺伝子から探る生物進化⑥

斎藤成也
塚谷裕一
高橋淑子
監修

多様な花が生まれる瞬間

奥山雄大 著

慶應義塾大学出版会

シリーズ序文

あらゆる生物はなんらかの遺伝子をもっており、それらが転写・翻訳されてタンパク質がつくられ代謝の中心になり、あるいは発生をつかさどる。また、遺伝子は文字どおり子孫に遺伝していくが、この過程で突然変異が少しずつ蓄積し、表現型が変化することによって生物の多様性が生じる。これこそが生物の進化であり、それは遺伝子の時間的変化に裏打ちされている。遺伝子の進化は、あらゆる生物がもつ共通の、しかももっとも重要な性質である。

慶應義塾大学出版会は、このような観点から「遺伝子から探る生物進化」というシリーズを発足させた。われわれ3名の編集委員は本出版会から依頼を受け、進化生物学分野の進展と今後とを生き生きと伝える本を執筆してくれそうな研究者に声をかけた。基本方針としては、まだ単著の本を書いたことはないが、よい本を書いてくれそうな良質の研究者である。さいわい、2015年の時点で6名の著者が快諾し、シリーズ発刊にこぎつけることができた。

本シリーズは、この研究分野に興味を抱く若い学生の皆さんにまず読んでいただきたい、というねらいがある。教科書には一般に、これまでの膨大な研究の成果のなかから、ほぼ確立したと思われる内容がずらりと並べられている。しかし、そこからは、それらの発見にたどりつくまでの研究者の苦労や失敗談、人間関係といったエピソードは捨象されている。それとは対照的に、本シリーズで刊行される書籍では、それぞれの著者がなしとげた研究成果という最終産物だけでなく、そこにいたる道筋が描かれている。これから進化の研究をめざす人々にとって、これらの内容はとても参考になること、まずまちがいないだろう。すでに研究者になっている人々にとっても、見たことがない生物や研究にたずさわったことがない生物の進化について、具体的に時間を追った研究の進展が語られる本シリーズは、有益であるにちがいない。ひいては、本シリーズを読んだ研究者が、自分もいつかこのシリーズで１冊書いてみたい、と思ってくれることも期待している。

日本の生物学界では、英語での原著論文の出版がまず第一に評価され、日本語の単行本は専門書ですら評価されないことが多い。しかし、私たちが使う研究費の大部分は国民の税金である。したがって、研究者ではない方々に研究成果をわかりやすく伝えることも、研究者としての責務のひとつであろう。その意味で、本シリーズは学生や研究者だけでなく、生物に興味をもつ一般の方にもぜひ読んでいただければさいわいである。

2016 年 1 月

斎藤成也
塚谷裕一
高橋淑子

はじめに——動物とつながる生き物

研究の始まりであった15年前（2002年）の春を思い出している。新緑が眩しい芦生（あしう）の森（京都大学芦生演習林；口絵1）の奥にある小ヨモギ谷の苔むした岩に座り、僕は一点を見つめていた。視線の先には芦生周辺の固有種、モミジチャルメルソウの花。早春の風になびく5 mmにも満たない小さな花をじっと見つめていると、自分が生きているのとはちがうスケールの世界が目の前に広がってくるようである。深い谷川には僕以外誰もいない。絶え間なく聞こえるせせらぎの音にミソサザイのさえずりが時折混じるのはとても心地よいが、風は冷たく、じっとしていると寒さはなかなかに堪える。それでも、このモミジチャルメルソウという生き物の秘密が今この瞬間にも解き明かされるだろうという予感に、僕は時間が経つのを忘れ固唾を飲んでいた。

モミジチャルメルソウとは、それから長いつきあいになった。今の僕があるのは、この生き物のおかげといっても過言ではない。ここであえて「生き物」という言葉を使ったのは、植物もまた生き物であることを強調したかったからだ。何をあたりまえのことを、と本書の読者の方ならきっと思うだろう。しかし、立ち止まって考えてみてほしい。われわれは植物を日ごろ、生き物としてとらえることがどれくらいできているであろうか。彼らは（少なくとも動物のようには）動かないし、昨日あった植物はまあ今日も明日もそこにあるもので、神出鬼没の動物（それゆえ、動物との出合いにはわかりやすい感動がある）とはやはりちがう。“緑に癒される”だとか、“緑のある暮らし”だとか、“一面の花畑”などという表現は日常的に耳にするが、これは植物を風景や背景の一部としてとらえているからこそ出てくる表現ではないか。実際のところ、植物を生き物として認知することは、人間にとって本能的に難しいことなのだろうとすら思える。

「生き物が好きです」という人でも、話してみると「植物はよく知りません」という人は多い。かくいう僕自身、幼いときからたいへんな生き物好きであったと自負しているが、正直、植物にはそれほど興味がもてなかった。それが今や自信をもって、いちばん好きな生き物は植物です、といえるようになったし、だからこそ今、大好きな植物を研究しているのだ。そもそも生き物の魅力は何か？と考えると、その「生き様」の多様さにあると僕は信じているが、植物は、動物に負けない驚くべき生き様をしている生き物だ。ただ、その生き様に「ほう！」と驚かされるためには、少しばかりじっくり植物を見つめ、そしてその秘められた生き様の「物語」を読み解かなければならないところがあるのはたしかかもしれない。

執筆の息抜きに職場（筑波実験植物園）を散歩すると、ところどころにツバキの植栽があるが、たとえばこの植物にもおもしろい物語が秘められている。ツバキといえば、ボトリと落ちる真っ赤な花を誰でもすぐに思い起こすだろう。だが、ここで取り上げたいのは、花よりは目立たない存在であるツバキの果実のほうである。とはいえ、ツバキの果実はなかなかの存在感で、赤みを帯びた緑色の球形で、直径は小さいもので 3 cm くらい、大きいものだと 5 cm くらいになり、屋久島などの西南日本ではとくに果実が大きく、まるでリンゴのような姿なので、リンゴツバキ（*Camellia japonica* var. *macrocarpa*）という変種の名でよばれている。

この果実、とても硬く、中にはもちろん種子が含まれる（ちなみに椿油はこの種子からとれる）。種子が完熟すると、果実の部分（果皮）は乾いて茶色い殻のようになり、三分割されて種子を外に出す。分厚く硬い果皮はもちろんリンゴのように食べられる代物で

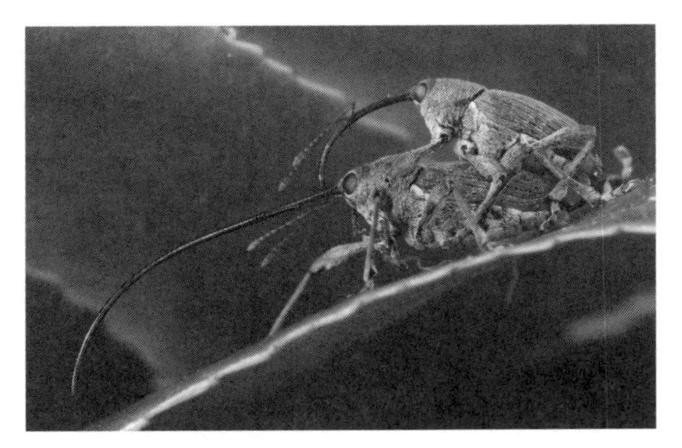

図 1　ツバキシギゾウムシのつがい［©東樹宏和氏提供］

はない。だから種子を散布するのには役立ちそうにないが、しばしば種子そのものよりも多くの体積を占めているほどであり、ツバキはこの構造にたいへんなコストを払っていることは明らかである。この果皮はいったい何のためにあるのだろうか。

謎の答えは、ツバキシギゾウムシという小さな虫にある（**図 1**）。ツバキシギゾウムシは甲虫目ゾウムシ科の昆虫で、幼虫はツバキの未熟な種子を専食するため、繁殖のためにはツバキの果実がなくてはならない。一方、ツバキの側はもちろん種子を食べられてしまっては子孫が残せないので、このツバキシギゾウムシは言葉どおりの天敵である。そして、この天敵から身を守るのが、この固く厚い果皮なのである。ツバキシギゾウムシの母親は、長い口吻（こうふん）をドリルのように用いて、ときには 20 分という長い時間をかけて固く厚い果皮に穴を開け（**図 2**）、その後、お尻の先の産卵管を伸ばして果実中央に守られた種子に卵を産み付けるのである。

このようなツバキとツバキシギゾウムシの関係は昔から知られていたが、大学でこの興味深い関係のことを知り、詳しく研究したのが大学時代の同級生、東樹宏和くんであった。前記の説明から予想されることではあるが、ツバキの果皮の厚さよりもゾウムシの口吻

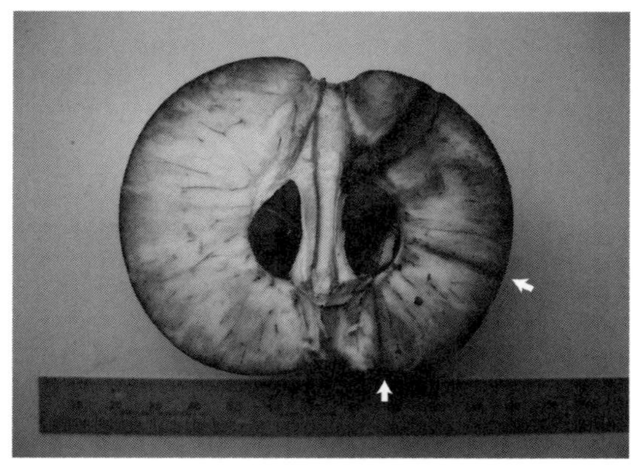

図２ リンゴツバキの果実の断面
矢印はツバキシギゾウムシの穿孔痕。［©東樹宏和氏提供］

が短ければゾウムシは卵を産むことができないので、ツバキの果皮の厚さとゾウムシの口吻の長さの関係は、互いにとってまさに生死を分ける問題であることがわかる。東樹くんはこのことに着目し、日本全国のツバキの果皮の厚さとツバキシギゾウムシの口吻の長さを調査した。するとどうだろう。彼はなんとツバキの果皮の厚さとツバキシギゾウムシの口吻の長さには、地域ごとに明確な相関関係があることを発見したのだ。興味深いことに、東日本ではゾウムシの口吻の長さはツバキの果皮の厚さをはるかに上まわっていたが、西日本では両者は拮抗し、同時に著しく口吻長と果皮の厚さが大きくなっている。これは、両者が拮抗している状況では、ゾウムシの側は少しでも口吻を長くすることがより繁殖成功を上げ、一方の植物の側は少しでも果皮を厚くすれば繁殖成功が上がる、「進化の軍拡競争」状態にあることを強く示唆している[1)]。屋久島などのツバキの、必要以上に巨大に見える果実は、ツバキシギゾウムシの捕食から逃れるために進化がつづいていることを物語る姿だったのだ[*1]。

さらに、筑波実験植物園を歩いていると、人と植物とのかかわりに焦点を当てた植栽区画があり、そのなかに有毒植物のコーナーがある。ご存知のとおり植物のなかにはわれわれ人間にとっても有毒なものが多いが、「毒」の対象を広く植物を食べる生物に拡大すれば、ほとんどの植物は有毒であるといえる。みずから動けない植物にとって、先のツバキの例でも見たように、自身を食べてしまう植食者に対する防衛戦略は重要な問題であり、毒を蓄えることが効果的な手段のひとつであることはいうまでもない。

パースニップ（セリ科）は欧米でよく食べられている（僕は食べたことがないのだが）ヨーロッパ原産の根菜であるが、その原種はフラノクマリンという有毒物質を体内に含み、植食者から身を守っている*[2]。19世紀の中ごろ、本種は北米大陸に帰化したが、そこにはパースニップを食べる植食者がほとんどいなかった。北米という新天地で食害から解放されたパースニップは、フラノクマリン量をどんどんと減らしていったが、20世紀に入り、パースニップを食害する蛾の1種ハナツヅリマルハキバガが侵入したことで、再びフラノクマリン量は増加に転じたという。ちなみに、このような150年という昔からの進化の時系列が追えたのは、野生化パースニップの標本がこの間に採集され、博物館などに収蔵・蓄積されていたおかげである。イリノイ大学のメイ・ベレンバウム（May Berenbaum）博士らがこれらの標本を調査することで、ハナツヅリマルハキバガに特徴的なパースニップの果実への食害痕が現われた時期と、植物体内のフラノクマリン量の変化の両方をとらえることができたのである[2)]。植物が一般に考えられている進化の時間スケ

---

*1　なお、東日本では、ゾウムシの口吻長はツバキの果皮の厚さと比べて十分に長いため、これ以上、口吻を伸ばすメリットはなく、一方のツバキの側にとっても、少しくらい果皮を厚くしても身を守る効果は限られるので、両者の形質進化にはたらく力は小さいと考えられる。

*2　この物質は人体にも有害で、植物性光線皮膚炎をひき起こすという。

ールに比べてはるかに速く外敵に応答し、ダイナミックに進化しているようすがこの研究からはよくわかる。

冬の初めの冷たい風に耐えかねて屋外から温室に入る。植物は生きていくため、土壌や光、水分を必要としていることは周知の事実だが、これらが満足に得られないような過酷な環境にも進出している。植物園の温室には、とくに低緯度地域の厳しい環境に進出した植物が所狭しと植栽されている。たとえば着生植物。光を得るために樹上にくっついて生きることを選んだ植物たちで、光をめぐる競争が激しい熱帯域にはとくに多い。なるほど、着生によって光は得られるかもしれないが、代わりに、土壌がほとんどなく、水や肥料分の確保がかなり困難になっているのだ。

筑波実験植物園の熱帯雨林温室の１階には、展示の目玉、巨大な花（正確には花序）を咲かせることで有名なショクダイオオコンニャクが鎮座しており、ついそちらに目を奪われてしまうが、そのすぐそばにひっそりとキョウチクトウ科アケビカズラ（*Dischidia major*）が展示されている。これは東南アジアに自生する、葉がカールして袋のような構造をつくっている奇妙な着生性つる植物である。アケビカズラの名は、この葉でできた袋（袋状葉）がちょうどアケビの実に似ていることによるが、この袋状葉の中を覗き見ると、さらに奇妙なことに気づく。中に根が入っているのである（**図3**）。

じつは、この袋状葉は中にアリ（オモビロルリアリの１種）を住まわせるための構造で、アリは中にゴミを溜め、それがアケビカズラの養分となることで、樹上では不足する肥料分を賄うことがわかっている。だが、それだけではない。植物が光合成を行なうために必要な資源は、光、水、そして二酸化炭素だが、とくに二酸化炭素については、大気中の濃度は光合成効率を最大にする適値よりかなり低いことが知られている。ところが、多くのアリが住んでいる袋状葉の中は、アリの呼気によって当然、二酸化炭素濃度が高くなる。

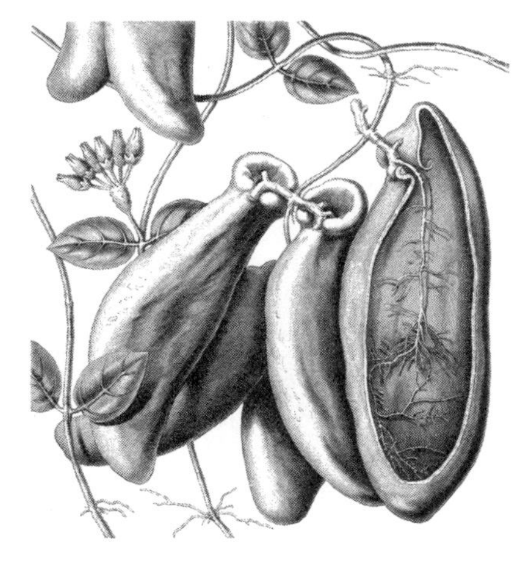

図 3　アケビカズラ［Kerner von Marilaun, Anton Josef：Pflanzenleben Band 1, Bildverzeichnis（1913）より引用］

これを取り込むことで、アケビカズラはふつうの植物ではなしえない高効率の光合成を行なっていることも同時に明らかにされている。アリを住まわせることで、アケビカズラは炭素源の 39%、窒素源の 29% をアリから得ていると計算されている[3)]。アリが出す廃棄物、はては吐く息さえも、すべてを有効利用し、過酷な着生生活を有利に生き抜く「リサイクル植物」なのである。

ツバキ、パースニップ、アケビカズラと、何の関係もないようにみえる 3 種の植物の研究を簡単に紹介したが、これらの話題には重要な共通点がある。それは、みずから動けない植物の生活史戦略に、動物とくに昆虫が密接に関与していることである。植物の姿形の多様性にはたしかに意味がある。それは、ただの緑ではなく、ましてやわれわれ人類の生活の「彩り」などでもなく、彼らの生き方そのものを反映したものだ。そして、とくに一見不可解にみえるような植物の姿形は、しばしば動物との深くユニークなかかわりを物語っているのだ。

さて、ここではあえて花の話題を外したが、本書の主題は「花」である。僕が花に心惹かれるのは、ただ美しいからではない。花こそは、動物とのかかわりを体現した器官であり、他の生き物と連携することでみごとに生き抜く植物の生活史の多様さを最もわかりやすく示している存在だからなのである。花を咲かせる植物は地球上に35万種以上あるといわれており、その85%以上は動物媒花であるという推計がある[4)]。単純に考えれば、花の多様性には、30万種類超もの動物とのかかわりが秘められていることになる。この多様な動物とのかかわり方は、そもそもどのようにして生じたのか。それを明らかにすれば、植物という生き物が、なぜこのような多様な種に分化し、あまねく地球上に広がっているのか、その不思議の理由に迫れるかもしれない。

15年前、芦生の森で見つめていた僕の視線の先に、そのような大きなサイエンスの芽があることを、当時の僕はもちろんまだ気づいてはいなかった。

CONTENTS

第1章 送粉生物学に入門する

1.1 植物の多様性研究へのいざない 1
1.2 チャルメルソウの送粉者は誰だ？ 6

第2章 分子系統学に入門する

2.1 矛盾するチャルメルソウ類の系統関係の謎 16
2.2 決着は３つめの分子系統樹で 23

第3章 太平洋をまたぐチャルメルソウ研究

3.1 憧れのアメリカ産チャルメルソウ類 30
3.2 北米にもあったキノコバエ媒 33
3.3 海外での単独野外調査 35
3.4 チャルメルソウ類を網羅する 41
3.5 チャルメルソウ属は多系統群だった 43
3.6 系統樹から過去を復元する 47
3.7 繰り返し進化していたキノコバエ類との共生関係 50

第4章　チャルメルソウの「種」の正体

4.1　生物学的種概念と分類　55
4.2　遺伝子で種を見分ける　56
4.3　チャルメルソウ類を掛け合わせる　59
4.4　雑種の繁殖力は低下した　62
4.5　遺伝子データから生殖隔離の大きさを予測する　66
4.6　真の新種アマミチャルメルソウ　71
4.7　チャルメルソウ節には何種あるのか　74

第5章　大きな転機、「岩手留学」と植物免疫研究

5.1　遺伝学への憧れと2つの論文　76
5.2　岩手留学　81
5.3　イネいもち病抵抗性の研究に入門する　83
5.4　*Pia* 突然変異体を探せ　85
5.5　*Pia* はどこにある？　89
5.6　関連解析で *Pia* の候補を絞る　91
5.7　*Pia* の正体は *RGA4* なのか？　95
5.8　ついに明らかになった *Pia* の正体　97
5.9　岩手を出る　99
5.10　遺伝子 *Pia* と植物免疫研究のその後　100

第6章　日本のチャルメルソウ類はどうやって生まれたのか？

6.1　チャルメルソウ節の倍数性　103
6.2　倍数性の起源を解明する　106
6.3　遺伝子データが統合できない　112

6.4 すべての組合せを試す 114
6.5 明らかになったチャルメルソウ節の起源 117

第7章 種分化の鍵は「花の香り」

7.1 花の匂いの正体 124
7.2 チャルメルソウ節の交配前隔離の謎 127
7.3 キノコバエ類による送粉者隔離の発見 129
7.4 なぜ花を訪れるキノコバエ類は異なるのか？ 131
7.5 切り札は高精度の系統樹 134
7.6 ライラックアルデヒドのはたらきを調べる 138
7.7 産みの苦しみ 145

第8章 多様な花が生まれる瞬間

8.1 花の香りの進化遺伝学 150
8.2 比較ゲノム解析 154
8.3 新たな研究モデルへの展開 157

おわりに 160
参考文献 168
索引 172

第1章 送粉生物学に入門する

1.1 植物の多様性研究へのいざない

18歳の春、僕は念願の京都大学理学部に入学することができた。「念願の」とはいえ、生き物好きだから生物学を極めたい、最先端の生物学を学ぶなら当時憧れていた利根川進博士の出身学部である京都大学理学部しかない、と勝手に思い込んでいたというだけであったが。しかし振り返ってみると、京都大学に入学できたことはやはり重要な転機であった。入学して間もないころ、僕の研究者人生を決定づける出会いが2つあった。

そのひとつが恩師との出会いである。当時（1999～2003年）の京都大学理学部は、「単位は降ってくる」とまでいわれるほど、不真面目で授業に出席しない学生でも何とかなってしまうシステムになっており、僕も真面目な学生とはとてもいえなかった（これは今ごろになって少し後悔している）。それでも、とくに入学当初は熱心に授業に参加しようとしていた[*1]。そうして選んだ講義のひとつが「生物自然史基礎論」と題された一般教養科目であった。あろうことか、所属していた理学部では卒業に必要な単位としては認められていなかったこの講義であったが、当時の僕はシラバスからただならぬ気配を読み取り、とにかくも受講してみることにした。そこで

*1　当時、ゴールデンウィークを過ぎると突然、新入生がキャンパスから姿を消して静かになるといわれており、僕もその口であった。今はどうだろうか。

教壇に立っていたのが一人めの恩師、加藤真先生であった。

初めて受講した日、加藤先生の口から語られる生き物の話の数々に僕はあっという間に魅了された。正直にいえば、生き物に相当詳しいつもりでいた僕は、加藤先生の圧倒的な知識と未知の生き物の世界の深遠さに打ちのめされた。それだけではない。加藤先生は、いかに生き物どうしがつながりあって生きているか、そこにいかに人間活動がかかわっているか、また、この生き物どうしの連関を無視した人間活動がどのような悲劇をよぶのか――それらの事柄を、数多くの例をあげ、静かな語り口でとうとうと語ってくれた。それまで、最先端の生物学とは分子生物学なのだと思っていた自分が、この授業で初めて、さまざまな“生身”の生き物を扱う生物学のフロンティアに触れ、そして、その重要性を理解したのだった。生態学という学問を知ったのも、これが初めてだったような気がする。自分が求めていたのはこれだ、と直感した。

ちょうど僕が入学する前年、ボルネオ熱帯林での一斉開花研究プロジェクトを率いていた京都大学生態学研究センター教授、井上民二先生が不幸な飛行機事故で亡くなったというニュースは、僕にとっても記憶に新しかった。加藤先生は井上先生のプロジェクトでも中心的なメンバーのひとりであり、数年に一度の一斉開花のときにしか花をつけない植物を含め、まだ未解明のことだらけの東南アジア熱帯の植物や昆虫の生態について、次々と新しい発見をしていたまさにその人であった。

ボルネオの一斉開花プロジェクトの話は、幼少期を熱帯の島サイパンで過ごした僕の原風景と相まって、僕の熱帯研究への強い関心を呼び起こした。とくに印象的だったのは、奇妙な熱帯の植物の数々が奇妙なやり方で熱帯特有の昆虫を誘い、花粉を運ばせ、繁殖を達成しているという一連の研究であった。そのなかには、大きな花から糞の臭いを出してフンコロガシをだまし、花粉を運ばせるランモドキ（ローウィア）の話[5]、オスの花序に生えるカビを目当てにやってくるタマバエに花粉を運ばせるパンノキの話[6]、そして加藤先生みずからが発見した、裸子植物なのにヤガを誘引して花粉を運ばせるグネツムの話[7, 8]など、いずれもこれまでの自分が植物に抱いていた「なんとなく平凡なイメージ」を覆す、興奮に満ちた話ばかりであった。すっかり加藤先生の講義の虜になった僕は、いつしか講義が終わるたびに研究室を訪ね、標本箱が隙間なく並んだ一室で先生の最新の関心事について薫陶を受けるのが習慣となっていた。当時、チョウとかクワガタムシとか大型の昆虫にしか関心をもっていなかった僕は、先生が体長 1 cm にも満たないガやハエの仲間について熱く語る姿に最初は面食らったものだったが。

もう一人の恩師は、自分が所属していた理学部植物学教室に当時在籍していた村上哲明先生（現 首都大学東京牧野標本館）であった。村上先生は、典型的なフィールド生態学者である加藤先生とはずいぶんタイプがちがい、「古い」といわれがちであった分類学に遺伝学や分子生物学的手法を持ち込み、新しい風を吹き込んでいた研究者であった。村上先生は理学部専門の講義「植物系統分類学」を担当されており（こちらは卒業単位になった）、そこでは生物多様性を学ぶうえで根本的なテーマ「種とは何なのか？」を教えられたのが印象的であった。たしかに、さまざまな姿や生活形をもった種が実際に存在することが、僕が生き物をおもしろいと感じる重要な動機であるように思う。けれどもそもそも、「種」というものを生物学がどう取り扱うかなど、それまで考えたことはなかった。この講義でエルンスト・マイア（Ernst W. Mayr）の生物学的種概念を教えられ、種を記載・把握する分類学と、その他の生物学の営みが僕の頭の中で結びついたのだった。

村上先生の講義でもう 1 つ強く印象に残ったのが、ある海外の研究例の紹介であった。アメリカ西海岸に分布するミゾホオズキ属の

2種は、それぞれハチドリとマルハナバチというまったく異なる動物に送粉されるのだが、それに対応して花の姿が大きく異なるのである。これら2種のあいだでは交配が可能であり、花の色や形、蜜の量といった、異なる送粉者に適応した形質のちがいがそれぞれメンデル遺伝して雑種第2代で分離する。それをふまえたうえで、ブラッドショー（H. D. Bradshaw）博士とシェムスキ（Douglas W. Schemske）博士らはこれら複数の花形質を送粉者と関連づけ、一方でそれぞれの形質[9)]や、ひいては送粉者の反応[10)]までを支配する量的遺伝子座（QTL）を特定した。彼らは遺伝学的手法によって、異なる送粉者に適応した花の進化プロセスにも迫りうることを鮮やかに示したのだ。言い換えれば、動物とのかかわり方が植物の遺伝子に書き込まれていて、その成り立ちを遺伝学によって解明できるかもしれないというような話ではないか。当初の自分の分子生物学に対する関心と、加藤先生が教えてくれた生身の生き物を扱う生物学とが結びつくのを強く感じた瞬間だった。

僕にとって人生の道標となったもう1つの出会い——それは多くの人にとってもきっとそうであるように、互いに切磋琢磨できる友人たちとの出会いであった。その舞台となったのは、入学してすぐに所属した京都大学野生生物研究会、通称「やけん」。同会は、当時すでに30年以上の伝統をもつ、野外で生物を観察したり採集したりすることを好む学生の気楽な集まりであった。とはいえ、そこはさすが京大というべきか、猛者も多く、単身東南アジアやニューギニア、中国奥地、はたまた中南米まで生き物を求めて旅する数名の先輩たちを仰ぎ見ながら、学生時代は旅をして経験を積むものである、という価値観を自然と身につけていったのだった。

「やけん」で知り合った同期の友人たちには、爬虫類や両生類に詳しい島田知彦くん、水草や淡水魚に詳しい細将貴くん、キノコに詳しい佐藤博俊くん、そして「はじめに」でツバキとツバキシギゾウムシの研究で紹介した東樹宏和くんなどがおり、それぞれ得意とする“専門”については、何でも教えてもらうことができるすばらしい環境であった。このように、加藤先生や村上先生、あるいは「やけん」の諸先輩方の影響で、高校まではまったく関心のなかった植物ががぜんおもしろくなっていたので、そうだ！植物やろう、と思い立ち日本の植物、そして世界の植物について勉強をはじめたのだった。

ボルネオでの熱帯林研究の話に触発されて訪れたベトナム、台湾、タイ、マレーシアは、とくに僕にとって印象深いものであった。ベトナム旅行に単身赴いたのは18歳のときだった。首都ハノイからほど近いクックフーン国立公園では、東南アジア熱帯林を代表するフタバガキ科をはじめ（この地域ではフタバガキ科はまれであったが）まったく日本では見ることができない植物の仲間を次々に目にして、熱帯アジアの植物多様性の一端を感じることができた*2。ハノイからは鉄道でベトナム南部まで移動し、地元のツアーに参加してメコン川の大河に飛び込んだりもした。ドロの中から巨大なドブガイを拾い上げ、漁師の投網の収穫品のなかにトゲウナギやテッポウウオを見つけ、歓声を上げた。

タイでは、当時博士課程の大学院生だった北村俊平さん（現 石川県立大学）の種子散布研究の見習いに押しかけ、すでに北村さんが調べあげていた[11]カオヤイ国立公園の樹木の名前を次々に教わった。調査の合間には花や実をスケッチしたりして、熱帯山地林の植物の姿を頭に叩き込むことができた。調査中に、アジアゾウやチャグロサソリ、キングコブラに出くわすなどのハプニングもあり、憧れの熱帯域の生物相を存分に味わえた贅沢な滞在であった。マレ

---

*2 このとき、村上先生の紹介でハノイ大学の先生に案内していただいたのだが、考えてみれば何者でもない若造がとんでもないお願いをしたものだ。

ーシアでは、「やけん」の友人たちとともに、キャメロンハイランドやタマンヌガラ、ランカウイ島といったすばらしい自然環境の残る地域を訪れた。頭上を舞うキシタアゲハやアカエリトリバネアゲハに感激し、夜間宿舎に飛来したビワハゴロモ、テイオウゼミやヨナグニサンに大興奮であった。

学生時代のこのような旅の数々は、日本にはまったく分布していない植物の科、かつて熱帯魚図鑑で憧れた魚たち、そして子どものころから夢に見た巨大昆虫、美麗昆虫の数々が実際に息づいているのを目の当たりにできた、かけがえのないものだった。このような経験を通して、個性的で多様な生き物の世界の途方もなさにさらに魅力を覚えたわけだが、同時に、これらを相手に深く研究するのは簡単なことではないぞ、とも思いはじめていた。熱帯のフィールドは遠いし、国外となればサンプルを国内に持ち帰ることさえ容易ではない。しかも、目の前にいる生き物の種名すらも簡単には調べられないものがほとんどなのだ。

1.2　チャルメルソウの送粉者は誰だ？

僕は図鑑を読むことを昔からこよなく愛している。簡単には出合えない多くの生き物について手軽に学ぶことができるし、あるグループの生き物の全体像を理解するのにうってつけであるからだ。こと日本列島においては、偉大な先人たちのおかげで、多くの分類群に関してその全体像を知ることができる。これは未解明の部分が多く、また、ある程度わかっていたとしてもその情報が分散してしまっている熱帯域などとは大きくちがうところである。

植物図鑑であれば、数ある良書のなかでも、山と渓谷社のハンディ図鑑『山に咲く花』を名著としてあげたい（とくに旧版は写真の質が高い）。本書は大きめのポケットに入れて歩けるほどハンディでありながら、日本の山地に自生する草本種のかなりの部分を網羅しており、解説も的確で、写真も美しい名著である。いつかは熱帯の植物の想像を絶するほどの多様性の秘密に迫りたい。そう考えつつも、もう少し身近に植物の多様化の謎を研究するのにうってつけな植物はないだろうか。そう考えながら本書を読んでいて、眼に止まったのがチャルメルソウの仲間[*3]であった。

チャルメルソウの仲間に興味をもったのは大学3年生のときであったと思う。当時、僕はすでに加藤真先生の研究室をしょっちゅう訪ねては、おもしろい生き物の話題やら、次に予定している旅先でぜひ訪れるべきスポットのアドバイスなどを先生に聞いていたのだったが、同じように加藤先生の部屋を頻繁に訪れている1学年上の先輩がいた。川北篤さん（現 東京大学大学院理学系研究科附属植物園、通称 小石川植物園）である。川北さんは、なんと大学3年生のときにすでに寄生植物ツチトリモチ属の送粉者を解明し、論文を国際誌に発表していた[12)]切れ者であったが、加藤先生の薫陶を受けた同志としてすぐに仲良くなり、なんども国内のフィールドワークに一緒に出かけるようになっていた。その川北さんの活躍の影響もあって、目の付けどころさえよければ自分にもあっと驚くような送粉様式の発見ができるはず、という思いもあった。

さて、『山に咲く花』では本の中ほど5ページにもわたって、チャルメルソウの仲間の10種が花のみごとな拡大写真とともに紹介されている。お互いに近縁と思しき植物なのに、それぞれ異なる個性的な花を咲かせるようすがはっきり見てとれた。そういえば、

---

*3　本書では、これから繰り返し、チャルメルソウの仲間、チャルメルソウ類、チャルメルソウ節といった言葉が出てきてわかりにくいと思う。本書では、「チャルメルソウの仲間」は分類学上のチャルメルソウ属（*Mitella*）を指し、単に「チャルメルソウ」と書いたときはそのうちの1種チャルメルソウ（*Mitella furusei* var. *subramosa*）を指す。

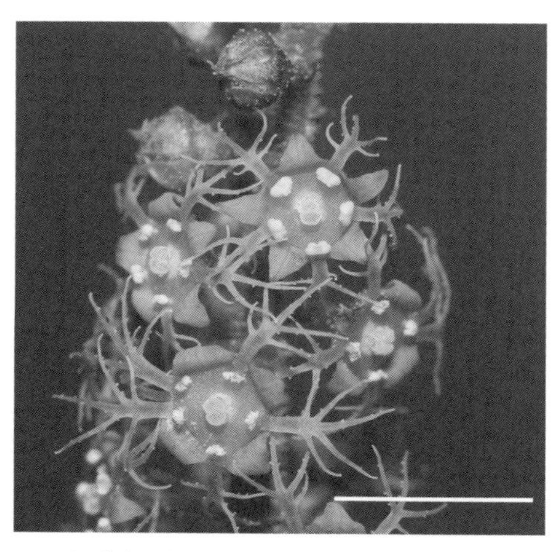

図 1.1　モミジチャルメルソウの花（雄株）［スケールは 5 mm］

「やけん」で毎年春に合宿を行なう芦生でも、この仲間がたくさん生えているのを思い出した。

チャルメルソウの仲間の花は直径 6〜8 mm くらいの小さな花で、種によって多いものでは 50 個ほど縦に総状に並ぶ。そして、何といってもこの花で特徴的なのが花弁だ。花弁は枝分かれをした細長い姿で、花は全体として雪の結晶（ただし五角形）のようである（**図 1.1**）。なるほど芦生でも花は咲いていたが、『山に咲く花』で確認するまで、こんなに奇妙で美しい形をしているとは気づかなかった。とはいえ、色は赤紫色ないしは緑色で、とても地味だ。地味な花の色から風が花粉を運んでいるのではないか、とすら思えてしまうのだが、花粉を空中に飛ばし、それをキャッチできるような雄しべや雌しべのつくり（**図 1.2**）は見当たらない。やはり、この奇妙な花の花粉を運ぶ昆虫がいるにちがいない。それはいったいどんな昆虫だろうか。

当時、気になった植物があるたびに「送粉者は何ですか？」と加

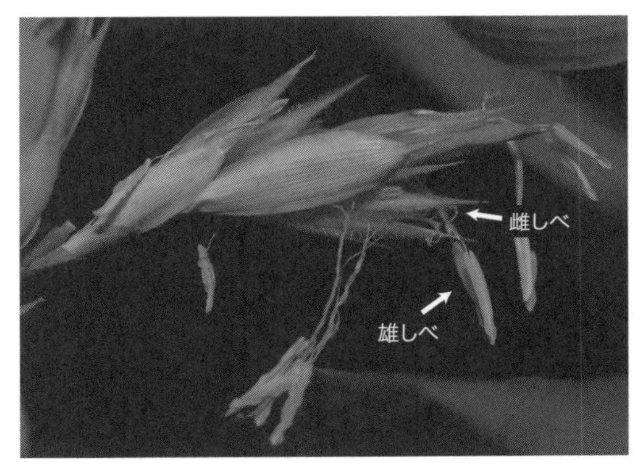

図 1.2 典型的な風媒花タケの花
雄しべは花糸で垂れ下がり、風に揺れて多量の花粉を飛ばす。雌しべも羽毛状で、空中の花粉を受け取りやすい構造になっている。

藤先生に聞くと、これはマルハナバチが来るとか、ハエが来るとか、教えてもらえるものが大半だったのだが、チャルメルソウの仲間について同じように尋ねてみると、先生でも知らないということであった。チャルメルソウの仲間は、日本と北米にも隔離分布している。生態学研究が進んでいる北米であれば、きっと研究例があるにちがいない。そう考えて当時習得しはじめたWeb of Scienceデータベースを使った文献調査を行なってみても、チャルメルソウの仲間の研究は分類や植物地理学、分子系統学に関するものばかりで、送粉様式についてはほとんど調べられていないようだった。これはちょっとした研究になるかもしれないぞ、と思い立ったときはまだ夏だったので、送粉生物学の論文やチャルメルソウに関係する論文を読み漁りながら、半年以上先の開花を待った。そうして、満を持して挑んだのが本書冒頭（「はじめに」）の場面というわけだ。

芦生には当時、戦前に建てられた作業小屋（小ヨモギ小屋）があり、そこを所属していたサークル「やけん」が管理していたため、数日寝泊りしての調査が可能であった。とはいえ、この小屋はいちばん近い集落（須後）からでも徒歩で50分くらいの森の奥にあり、電気、ガス、水道はもちろんなく、ただ床と天井と壁、そして囲炉裏があるだけであった。ここに野菜、肉、米と、おやつやレトルト食品、缶詰を持ち込む。美しい婚姻色に染まったウグイが群れる澄んだ由良川の水を汲んで米を炊き、囲炉裏の火でさつま汁をつくり、それを3日3晩食べて観察をつづけるのだ。途中で島田知彦くんが当時未記載種だったナガレヒキガエルの標識再捕調査に訪れて合流したこともあったが、基本は一人で山籠りである。晴れた夜、木々のあいだからのぞく星明かりだけを頼りに、懐中電灯を消して林道を歩くような一人遊びもした。足元に点々と光があるのに気づき、屈み込むとそれはクロマドボタルの幼虫だったりした。毎日が仕事に追われている今から振り返ると、なんとも豊かな時間であった。

なお、この青春の思い出が詰まった小ヨモギ小屋は、この4年後に大雪でぺしゃんこに倒壊してしまって、今はもうない。奇しくも小ヨモギ小屋が倒壊している現場を「やけん」OBで最初に目撃したのは僕であった（**図1.3**）。2006年4月9日のことであった。

話を戻そう。じつのところ、芦生に来る前に、一足先に京都市内

図1.3　積雪で潰れてしまった小ヨモギ小屋とそれを見て落胆する著者

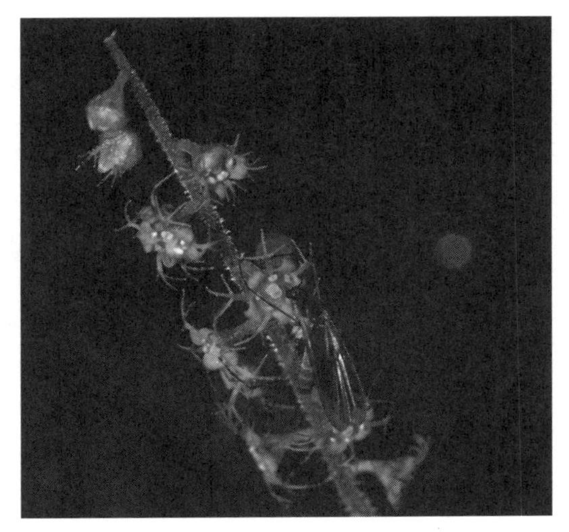

図 1.4　モミジチャルメルソウを訪花したキノコバエの 1 種

の大文字山で開花していたチャルメルソウでも一日観察を行なっていたのだが、昆虫が花を訪れるようすはまったくなかった。そのため、芦生でも訪花昆虫はそう簡単には見られないのではないか、とあまり期待しないで調査を始めたのだったが、幸いにもその予感は杞憂であった。モミジチャルメルソウの開花株までたどり着くと、そこには最初から何匹か昆虫が群がっていて、あっさり捕まえることができたのだ。捕まえたのは、ちょっと細身のハエの仲間であった。

これが半年間待ち望んだ送粉者なのだろうか。それで、開花株の前の岩に腰掛けて、そのまま観察をつづけることにしたのだ。すると、たしかに同じ姿をした虫ばかりがおもしろいように繰り返し訪花することがわかった（**図 1.4**）。訪花は朝と夕方に集中していて、日が沈んで暗くなるとぴったり止むようであった。採集した昆虫を毒瓶で処理し、小さな三角紙に包んで加藤先生のもとに持ち帰った。

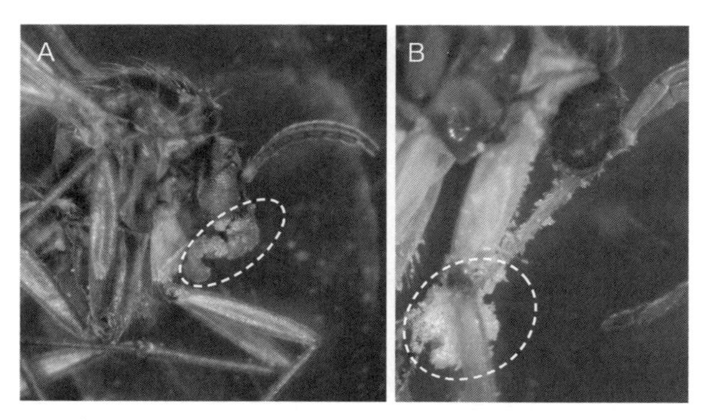

図 1.5　モミジチャルメルソウを訪れたキノコバエの１種(*Coelosia fuscicauda*)(A)と、シコクチャルメルソウを訪れたミカドシギキノコバエ（B）の実体顕微鏡像

口器のまわり（白破線で囲った部分）に大量の花粉が付着しているのがわかる。

顕微鏡下でモミジチャルメルソウの訪花昆虫を観察した加藤先生の第一声は今でもよく覚えている。「おめでとう」

訪花昆虫はほとんどがキノコバエの仲間であった。頭には驚くほどびっしりと花粉の塊が付いていた（**図 1.5**A）。これは、この訪花昆虫がモミジチャルメルソウの花粉を大量に運んでいることの動かぬ証拠である。ほどなく大文字山に戻り、再びチャルメルソウの観察にも挑戦すると、こんどはなぜかあっさり訪花昆虫がやってきた。こちらもキノコバエの仲間で、しかもミカドシギキノコバエという、キノコバエとしては長い口吻をもつ、かなり特異な姿をした昆虫だった（口絵 3）。この昆虫の口吻にも、びっしりと花粉が付いていた（図 1.5B）。チャルメルソウでは、送粉者が出現するよりも早めに開花が始まる傾向があるようだ。前回この送粉者が見られなかったのは、観察する時期が早すぎたためであったとわかったのは、それからずいぶんあとになってからである。

キノコバエの仲間というのは、送粉者としてはかなり珍しい部類である。キノコバエが花粉を運ぶ花というのはあまり多くは知られ

図 1.6 キノコバエ類をだまして送粉させることが知られているタマノカンアオイ（左）とマムシグサ（右）

ておらず、しかも報告されているものはキノコに擬態するなどしてキノコバエを一方的にだまして送粉させる花、たとえばウマノスズクサ科のカンアオイ類[13]や、サトイモ科のテンナンショウ類[14]など（**図 1.6**）が多い。それで当初は、チャルメルソウの仲間の花に来るキノコバエも花にだまされているのではないかとも考えた。しかし、チャルメルソウの仲間の花には、他の“だます”花で知られているような送粉者を閉じ込める構造はない。花からは蜜が分泌されているので、単純にそれを舐めにやってくるということのようであった。それではなぜキノコバエばかりなのだろうか、たまたまなのだろうか。そう考え、他のチャルメルソウ属の種でも送粉昆虫を調べるべく、さらに四国に飛んでシコクチャルメルソウ、北海道に飛んでエゾノチャルメルソウについても調査した。驚いたことに、これらの花を訪れるのはいずれもキノコバエの仲間ばかりだった（**図 1.7**）。

ところで、モミジチャルメルソウやチャルメルソウは、これらが属するユキノシタ科としては珍しく性的二型があり、それぞれ雌雄異株*4と雌性両全性異株*5である。そこで花を訪れる昆虫を調べるかたわら、本当に風ではなく昆虫が花粉を運んでいるのかを確認

図 1.7　シコクチャルメルソウを訪花したミカドシギキノコバエ（左）と、エゾノチャルメルソウを訪花したキノコバエの１種（右）

すべく、雌株にメッシュの袋をかける実験も行なっていた。結果は予想どおりで、袋がけした雌株が結実することはなかった。チャルメルソウの仲間は、やはり風媒花ではなく虫媒花で、観察したキノコバエの仲間が送粉者であることがはっきりしたのだ。

些細なことに思われるかもしれないが、これは、たしかにオリジナルの発見にちがいない[*6]。だからこの成果は、僕を送粉生物学の魅力に誘ってくれた憧れの雑誌の記事になって、世界中の研究者に読まれるかもしれないのだ。そんなことを夢想して、さっそく論文を書くことにした。当時、大の苦手だった英語にもめげず、夏休みのあいだ原稿書きに熱中したのをよく覚えている。苦心の末に完成させた原稿は、すぐに加藤先生と村上先生に見てもらった。二人からかけてもらった言葉は「初めてにしてはよく書けている」だった。それで気をよくして、ボルネオの植物の送粉様式の数々や、川北さんのツチトリモチの送粉様式が軒並み報告されていた憧れの雑誌、アメリカ植物学会誌（*American Journal of Botany*）に意気揚々と投

[*4]　集団内に雄株と雌株の２タイプが共存すること。
[*5]　集団内に両性株と雌株の２タイプが共存すること。
[*6]　当時の自分には大発見に思えたし、今考えればこれはやはり大発見であった。

稿した。しかし、「この研究は興味深いが、予備的な研究の域を出ない」とか、「北米産のチャルメルソウ属の１種でキノコバエが花粉を運ぶことはすでに誰それの修士論文で報告されている」といった査読者のコメントとともに、掲載を拒否されたのだった。

研究者なら誰もが経験する「リジェクト」の苦さであったが、このときから人一倍多くのリジェクトを経験することになる僕にとっても、初めて味わうその悔しさは格別であった。しかし、何が何でも論文を世に公表したいという執念が勝ち、さらに１回別の雑誌にリジェクトされたのち、ついにリンネ学会植物学雑誌（*Botanical Journal of the Linnean Society*）に論文掲載が決まった[15)]。こうして、憧れの送粉生物学者としての一歩を踏み出せたのは、芦生での最初の観察から１年あまりが経過した修士１年生の９月のことだった。

第2章

分子系統学に入門する

2.1　矛盾するチャルメルソウ類の系統関係の謎

ひとつ自分で疑問をもち、その謎を解決できたことは大きな自信につながった。と同時に、チャルメルソウの仲間に関するいろんなことが気になるようになってきた。なぜ日本に10種以上もあり、なぜほとんどが日本固有種なのだろう。なぜ大陸アジアにはほとんど分布しないのだろう。そして、キノコバエ類との送粉共生はいつどのように始まったのだろうか。ともかく、この植物のことをもっと知りたいという気持ちが強まり、他の研究アプローチもとってみたいと思うようになった。

じつは、チャルメルソウの仲間の送粉者を調べようと思い立ちいろいろと勉強をするかたわらで、村上先生に相談して、当時植物分類学教室では主要な研究アプローチであったアイソザイム[*1]による集団遺伝構造解析にもチャレンジしていた。チャルメルソウの仲間はほとんどの場合、河川上流域の谷川沿いにしか生育せず、種子も植物本体もとても乾燥に弱い。だから、同じ種内でも、少し水系が変わるだけで、大きく遺伝的に離れているというようなことがありそうである。このことが示せれば、チャルメルソウ属に日本固有種が多い原因に何かヒントが得られるのではないかと考えたからだった。植物分類学教室の先輩、角川(谷田部)洋子さん（現 首都大学

[*1] 酵素の多型を電気泳動によって見分ける手法。

東京）に実験指導を受けながら実験を繰り返したが、残念ながら調べた種のアイソザイムは4倍体特有の複雑なパターンを示し、データの解釈が困難であったので、この研究は頓挫していた。

それでも、やはり日本産チャルメルソウ属の固有種がどのように生まれたかを知りたい。そこで、まず日本産チャルメルソウ属の種間の系統関係を明らかにしようと思い立ち、DNA解析を行ないたいと再び村上先生に相談した。すると村上先生から、「おもしろいテーマだと思うけど、すでに東京都立大学（現在の首都大学東京）の若林三千男先生のグループがチャルメルソウ属の系統解析をテーマに植物分類学会で発表していたよ。あとから同じテーマで研究するのは避けたほうがいい」と伝えられたのだった。

若林三千男先生の名前はよく知っていた。というのも若林先生は日本で初めて、そして当時ただ一人、チャルメルソウ属の研究で博士号をとった先生だったからだ。とくに若林先生が1973年に発表した「日本産チャルメルソウ属について」という和文の論文[16]は、日本産チャルメルソウ属についての形態のバリエーションや染色体数、はたまた分布から生態、系統仮説に至るまで、あらゆる興味深い知見と考察が書き込まれたとても印象深い仕事で、それこそ僕はチャルメルソウの仲間の研究を始めるにあたって穴があくほど読み込み、さまざまな研究アイデアを練っていたのだった。その若林先生たちがすでに研究を進めているのなら、たしかに自分の出る余地はないだろう。そうは思ったものの、チャルメルソウ属の系統関係のことは知りたかったので、とにかく若林先生に連絡をとってみることにした。すると、すぐに若林先生から返事があった。たしかに若林先生たちは分子系統解析を進めていたものの、その結果が不可解で、解釈に困っているという状況を打ち明けられた。

若林先生たちは、同研究室にいた藤井紀行さん（現 熊本大学）らとともに、当時、植物の分子系統解析の定法であった葉緑体DNA

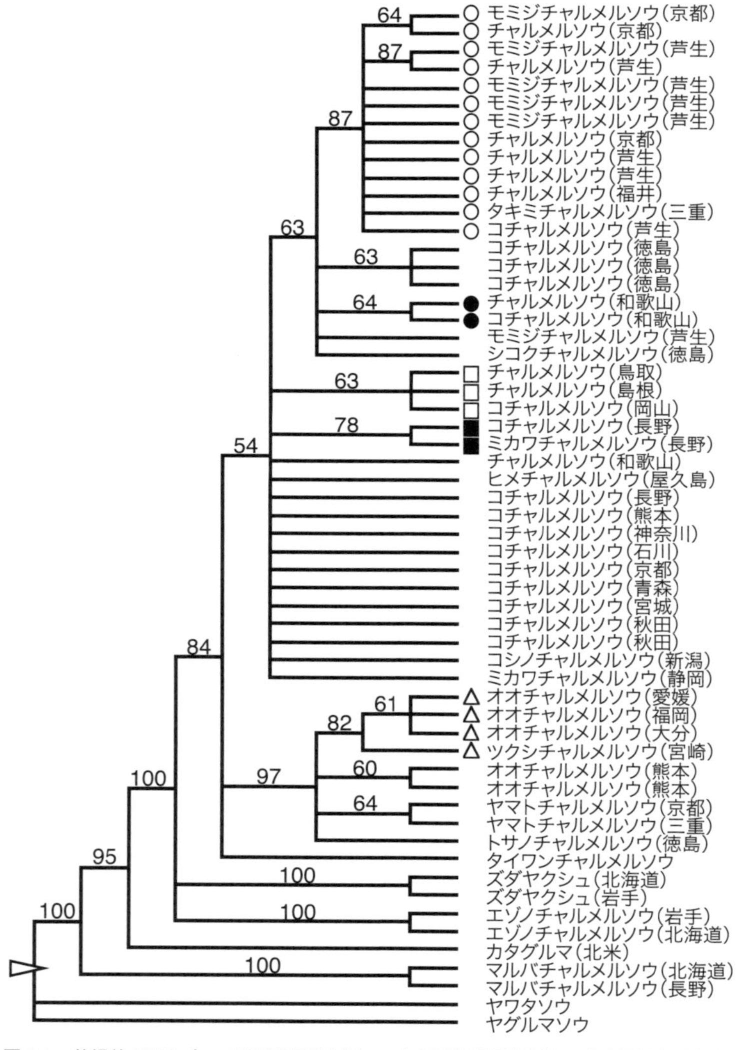

図 2.1　葉緑体 DNA（*matK* 遺伝子領域と *trnL-F* 遺伝子間領域）の塩基配列に基づく日本産チャルメルソウ属の分子系統樹

枝の上の数字はブートストラップ法による支持確率（2004 年の論文[22]の図に少し誤りがあったので修正したもの）。各種名の左横の記号は、図 2.3 の地図に対応する。

を用いた分子系統解析を進めていた。そこで若林先生たちが直面していたのは、結果があまりにも従来の分類と合わないという問題だった。たとえば、「チャルメルソウ」という種を例にあげると、同じチャルメルソウでも、採集した場所によって、まったく異なる種であるモミジチャルメルソウに近縁であったり、コチャルメルソウと近縁であったりするが、同じ種のはずのチャルメルソウどうしが互いに近縁ではないという結果になっていたのだ（**図 2.1**）。長年、チャルメルソウ属を調べてきた若林先生には、にわかには信じがたい結果であるということだった。

その話を聞いて、もしや、と思うことがあった。海外のチャルメルソウ類*2 の研究で似たような事例が報告されていることを思い出したのだ。チャルメルソウの仲間に興味をもちはじめた当初、関連文献を収集し、読み込んでいたのがさっそく役に立った。その報告はダグラス・ソルティス（Douglas E. Soltis）博士（現 フロリダ大学）らが 1995 年に発表した研究内容だった[17]。ソルティス博士は、ワシントン州立大学で研究していた当時、そのパートナーであるパメラ・ソルティス（Pamela S. Soltis）博士とともに被子植物全体の分子系統樹を世界に先駆けて発表し、ニューカレドニア原産の奇妙な樹木、アンボレラ・トリコポダこそが他の被子植物種すべてと姉妹種関係になる「最初に分岐した被子植物」であることを示して[18]世界を驚かせた研究者だ。

しかし彼は、キャリアの初期にはユキノシタ科、とくに北米産のチャルメルソウ類を中心に研究しており、その分子系統樹も世界に先駆けて発表していた。研究のなかで彼らは、北米産のチャルメルソウ類では葉緑体 DNA が種の系統関係を反映しないことを見いだ

*2 本書でこれから繰り返し登場する「チャルメルソウ類」は、ソルティスらが定義した、チャルメルソウ属を含む 9 属からなる単系統群 *Heuchera* group[23] を指すものとする。

していた。たとえば極端な場合、異なる属に分類される種のあいだでも、現在同じ場所に生えているものどうしではほとんど同じ塩基配列を共有することがあるらしいのだ[17)]。

葉緑体DNAは、植物の性質を決める全ゲノムのうち、99.9%以上を占める核DNAとは異なり、細胞小器官である葉緑体の中に存在し、組換えを受けることなく葉緑体と一緒に母親から子にそっくり受け継がれる（母系遺伝。ただし例外もある）ことが知られている。この特殊な性質が関係して、まれに起こる種間交雑を通じて、ある種から同じ場所の別種に葉緑体DNAが取り込まれ、集団内で置き換わると彼らは考え、そのような現象に「葉緑体捕獲」と名づけていた[19)]。なお、この現象のはっきりとした原因についてはいまだに議論がつづいているが、僕はおそらく葉緑体DNAに地域特有の自然選択がはたらくためであろうと考えている[20)]。

そこで僕は、若林先生たちが直面している問題も、この葉緑体捕獲で説明できるのではないかと考えた。ソルティス博士らは同時に、核DNAにコードされている核リボソームDNA-ITS領域[*3]（核ITS領域）を分子系統解析に用いると、このような問題は生じないらしいということも報告していた[17)]。そこで若林先生に、こちらで核ITS領域を用いた系統解析を進めてもよいかを打診したところ、若林先生たちのチームでは核遺伝子を解析する予定がないのでかまわないと返事をもらった。

こうして僕の分子系統解析の研究が始まった。僕自身もDNAを分析するのは初めてで、当時、植物学教室にも核DNAを分析した経験のある人はほとんどいなかった。植物の葉緑体DNAや動物のミトコンドリアDNAは組み換えせず母系遺伝するため、1つの生物個体はほぼ必ず1タイプの塩基配列をもっている。このため解析

[*3]　リボソームを構成するRNAをコードしている遺伝子のあいだにある遺伝子間領域。

が簡単なことが、広く分子系統解析に使われる理由のひとつである。ところが、核遺伝子は両親から受け継がれ、組み換えを起こすので、しばしば１個体の中に異なる塩基配列をもつことがある。この性質が嫌われ、解析を躊躇する人が多かったのだ。しかし、核 DNA の

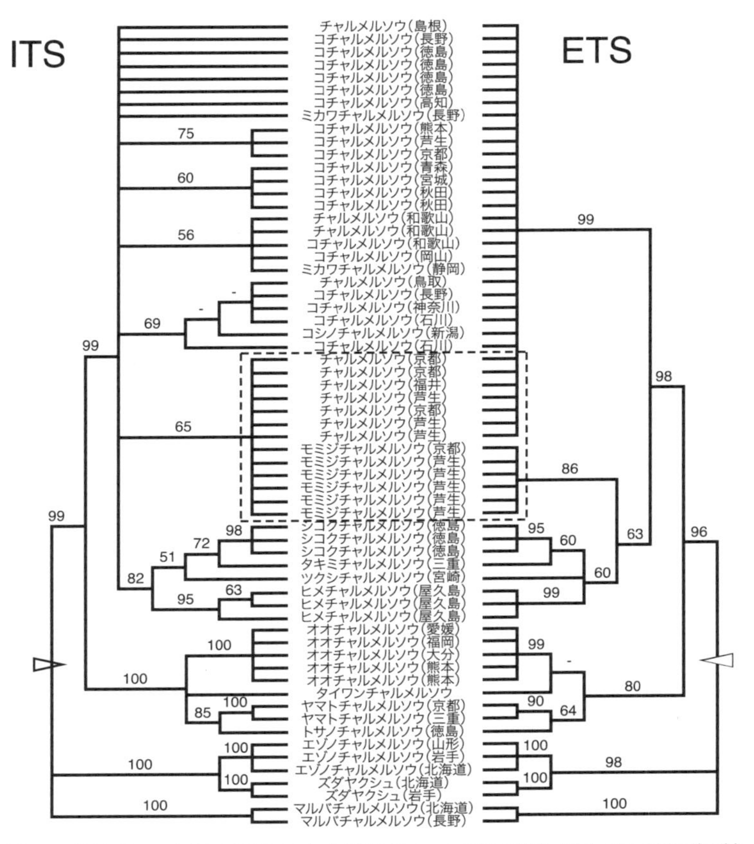

図 2.2　核リボソーム ITS 領域（左）と核リボソーム ETS 領域（右）の塩基配列に基づく日本産チャルメルソウ属の分子系統樹

枝の上の数字はブートストラップ法による支持確率。破線で囲った部分は２つの領域で結果がくいちがっている。

図 2.3　この研究で使用したチャルメルソウ類の標本採取地点
×以外の記号で示した標本は図 2.1 と対応し、それぞれごく近縁な葉緑体 DNA の配列をもつ複数種が含まれる。

解析に果敢に取り組んでいる先輩がさいわいにも身近にいた。あの川北篤さんである。

川北さんは当時、理学部動物学教室から人間・環境学研究科の加藤真先生の研究室に修士課程の学生として進学したばかりだったが、ひき続き理学部動物学教室の曽田貞滋先生にも指導を受け、昆虫の核 DNA を用いた分子系統解析を精力的に進めていた。曽田先生は、昆虫の分子系統解析で群を抜いて先進的な研究を進めている先生で、加藤先生とは学生時代からの知己であった。ちなみに、曽田先生はタイムリーなことに、なんとオサムシの仲間においてミトコンドリアDNAと核DNAのあいだで分子系統樹が矛盾することも報告していた[21)]。ともあれ、川北さんにアドバイスを受けながらチャルメルソウ類の核ITS領域の解析に取り組んでみたところ、予想外に簡単に結果が出た。すでにソルティス博士らの研究が出版されていたので、その論文にならって実験すればよかったのも、とくに苦労することなく結果が得られた理由だろう。

こうして得られたチャルメルソウ類核ITS領域の分子系統樹（**図2.2**）は、若林先生たちが得ていた葉緑体DNAの結果とは大きく異なるものだった。すぐに若林先生に結果を報告すると、若林先生も結果に納得して喜んでくれた。それは、若林先生がこれまで考えていた系統関係とおおむね矛盾がない系統樹だったからだ。一方、ここで再び葉緑体DNAのデータを見てみると、核ITS領域の分子系統樹と大きく矛盾するのは、雑種が報告されている種間の、近い産地のものどうしで塩基配列が共有されているものばかりだった（**図2.3**）。やはり、葉緑体捕獲が日本産チャルメルソウ類にもあったのだ。

2.2　決着は３つめの分子系統樹で

日本産チャルメルソウ属の数種でキノコバエ類が花粉を運んでいることを発見し、またその分子系統樹が葉緑体捕獲の影響を受けているという２つのことがわかりはじめたところで、大学院進学のときが来た。大学院に進学して研究をつづけることに迷いはなかったが、理学研究科植物分類学教室に残って村上先生の指導を受けるか、人間・環境学研究科に移って加藤先生の指導を受けるかという、ずっと迷っていた問題についに選択を迫られたのだった。そういえば、大学２年生のときに加藤先生に「加藤研に進学することを考えているんですけど…」と尋ねたら「就職ないよ」という返事だけが返ってきたのを思い出した。覚悟して進学せよ、という意味だったのだろう。さりとて、植物分類学教室に進学しても就職が容易になるとは思えなかったが。いずれの道に進むにせよ、役にも立たない生き物の魅力の魔手に絡め取られていた僕の頭には、もはや引き返すという考えが浮かぶことはなかった。

けっきょく、加藤研に進学することにしたのだが、決断の理由はやはり、この分野を志すきっかけになった加藤先生の指導を受けたい、という気持ちであった。それに加えて加藤研には当時、川北さんをはじめ、海洋生物で生物間相互作用の研究をしていた繁宮悠介さん（現 長崎総合科学大学）や畑啓生さん（現 愛媛大学）がおり、新しい発見や実験結果を次々に論文にしているのを目の当たりにしていた。めざすべき大学院生像として彼らが身近にいるのは、研究環境としてこのうえなく恵まれていると直感的に感じ取っていたのだった。同期では、オトシブミやチョッキリゾウムシの研究を始めていた深澤(小林)知里さん（現 東北大学）も理学部動物学教室から進学した。加藤研のメンバーは、それぞれ異なるフィールドと生き物を相手にしながらも互いの研究について興味をもっており、議論しあうのが当然という雰囲気だったので、植物以外の生き物も大好きな自分にとってはいろいろな生き物の話、とくに海の生き物についての最新の知見が聞けるのは大きな魅力であった。

加藤研に進学してそのまま取り組んだのが、チャルメルソウ類の分子系統樹の問題である。従来の分類学的知見とよく整合した先ほどの核ITS領域の分子系統樹であったが、少し奇妙な点が残っていた。例の芦生周辺の固有種、モミジチャルメルソウが、同じ芦生を含む近畿地方北部から得られたチャルメルソウと核ITS領域でもほぼ同一の塩基配列になっていたのだ（図2.2）。モミジチャルメルソウは、チャルメルソウの仲間では唯一雌雄異株の種だ。さらに、チャルメルソウ類の特徴である毛がほとんどなく、ツルツルの植物

図 2.4　モミジチャルメルソウ（上）とチャルメルソウ（下）の植物体
両種はあまり似ていない、というよりもまったく似ていないことがわかる。

体をもつ点でも特異な種で、チャルメルソウとはあまり似ていない（**図 2.4**）。それにもかかわらず、葉緑体 DNA、核 ITS 領域はともに、近畿地方北部のチャルメルソウからごく最近進化してきた種であるということを示していることになる。しかし、若林先生にはとてもそうは思えない、ということであった。同じ場所に生育するチャルメルソウとモミジチャルメルソウのあいだだけで配列が似通っているというパターンは、やはり交雑の影響のようにも見える。とはいえ、交雑の影響を受けにくいとされる核 ITS 領域でもそうなって

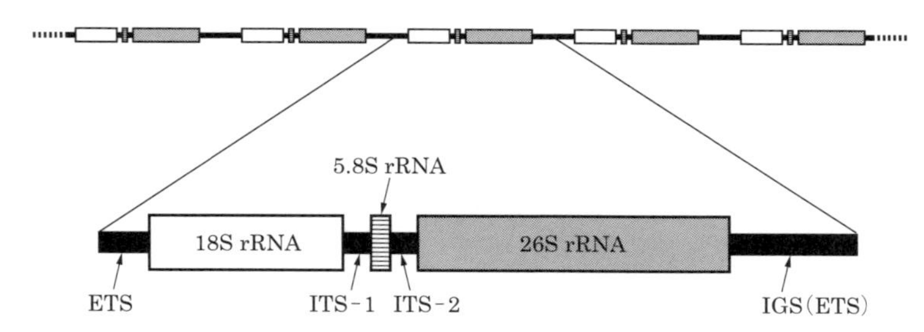

図 2.5　核リボソーム遺伝子の繰り返し構造と ITS および ETS 領域

ETS は 18S rRNA 遺伝子の 5′ 末端側にある 500 bp 内外のスペーサー、ITS-1 および 2 は 18S〜26S rRNA 遺伝子間にある計 600 bp 内外のスペーサーである。ITS 領域のあいだには 160 bp 程度のコード部位である 5.8S rRNA 遺伝子が割り込む。“IG$ETS を含む) -18S-ITS1-5.8S-ITS2-26S” が 1 単位となって縦列に数十から数百コピー繰り返し、それぞれのコピーは原則として同一の塩基配列をもっているのが、ほとんどの真核生物に共通する核リボソーム遺伝子の特徴である。

いるなら、どうすればこれが交雑の影響だと示せるだろうか。

そこで、葉緑体 DNA でも核 ITS 領域でもない第 3 の DNA 領域として、核リボソーム ETS 領域に着目することにした。核 ETS 領域は、核リボソーム 18S RNA 遺伝子をはさんで、核 ITS 領域の上流（5′ 側）にある DNA 配列である（**図 2.5**）。核 ITS 領域は、保存性の高い核リボソーム 18S RNA 遺伝子と 26S RNA 遺伝子にはさまれているため、被子植物すべてで利用できる PCR プライマーが開発されており、それゆえ当時、植物の核 DNA では最もよく分子系統解析に利用されている領域だった。一方の核 ETS 領域は、植物のグループごとに遺伝子増幅用のプライマーを新たに設計しなくてはならないため、分子系統解析への利用例はあまり多くない。しかし、当時発表されていた論文から、核 ETS 領域は核 ITS 領域と同程度に有用な情報をもっているようだった[53)]。

さっそく、論文に記載されている手法を用いて、核 ETS 領域を効果的に増幅するプライマーの設計を開始した。このころには、DNA を取り扱う実験がけっこう好きになっていた。他の生物学の研究手法と比べても、すぐにはっきり結果が見えるのが、せっかちな自分には向いていたのだ。しばらくの試行錯誤の末、ついに初めて自分で設計したPCRプライマー「F-ETS1 *Heu*」ができた。チャルメルソウ類だけでなく、ユキノシタ科ならほとんどの種で使えるすぐれものだ[*4]。

こうして、核ETS領域についてもチャルメルソウ類の分子系統樹を描いてみると、驚いたことに、こんどはモミジチャルメルソウとチャルメルソウとのあいだで配列が共通するようなことはなかった（図2.2）。モミジチャルメルソウはチャルメルソウの一部の個体群から出現した種などではなく、やはりまったく別の系統であることがはっきりしたのだ。

ただ、核ETS領域は核ITS領域のすぐ近傍にあるDNA配列なので、核ITS領域だけで交雑の影響が見られ、核ETS領域には見られないというのは奇妙で、にわかには信じがたいようにも思われた。それというのも、核ETS領域や核ITS領域を含むリボソームRNA遺伝子群は、ゲノム中に数十から数百の重複遺伝子として存在するという特殊な性質がある（図2.5）。それがPCR法で増幅しやすいメリットにもなっているのだが、もしかすると配列決定した核ETS領域と核ITS領域はそれぞれ個別にDNA断片を増幅していたため、異なるコピー領域に由来しているだけなのかもしれない。

そこで、核ETS領域と核ITS領域をひとつなぎにしてPCRで増幅し、得られた複数のコピーに由来する断片をサブクローニングという手法でそれぞれ個別に分離してみることにした。こうして、核ETS領域と核ITS領域の情報のくいちがいが、本当に近接した

---

*4 なお、ETS領域は、3′プライマーは18SリボソームRNA遺伝子内の配列なので多くの被子植物で共通のプライマーが利用できるため、特異的なプライマーは5′側のみとなる。

領域に由来するのかどうかをはっきりさせることができた。その結果、核ITS領域にだけ交雑の影響が見えるというデータにまちがいはないことがはっきりしたのだ。これを客観的に示すためのちょっとした統計解析も考えつき、葉緑体DNA、核ITS領域、核ETS領域を用いた分子系統樹がそれぞれ交雑に対して異なる影響を受けている、という結論を得ることができたのだ。

こうして葉緑体DNAのデータは若林先生や藤井さんらにまとめてもらい、核ITS領域と核ETS領域のデータについてはこちらで用意するという共同研究として、僕の2本目の主著論文ができあがった。乏しい遺伝子進化の知識を補うべく、難しい論文をたくさん読んで苦しんだうえでの執筆だった。なんとか書き上げた原稿は、曽田先生に読んでもらったこともあり、それなりに格好がつくものに仕上がったようだった。曽田先生は加藤先生とはずいぶんとタイプが異なり、静かな語り口こそちょっと似ているところもあるが、膨大な生き物の自然史を発見して記載するというよりも、鋭い論理的思考で研究テーマに深く切り込むタイプの研究者である。「不勉強でよくわからないのですが…」という控えめな前置きのあとにつづく指摘は、いつも決まって鋭く本質を突いたものだった。そして、曽田先生に見てもらった論文は、なぜかというかやはりというか、いつもその後の出版で苦労しないのだ。背伸びするつもりで、当時ハイインパクトな分子進化学の論文をたくさん掲載していた、少し雲の上のような存在の雑誌、国際分子生物進化学会誌（*Molecular Biology and Evolution*）に投稿したところ、少しの改訂を求められただけで論文はすんなり受理されたのだった[22)]。

じつは、その直前に参加していた学会で「チャルメルソウの研究をしています」とある先生（故人）に自己紹介したところ、「相変わらず加藤研は変な材料で研究してるな」と鼻で笑われてしまった。このことをいまだに根にもっている僕だが、そんな「チャルメルソウの研究」も捨てたもんじゃないと感じた瞬間だった。チャルメルソウ類以外を材料にしてこんな研究がはたしてできただろうか。それは、若林先生たちがぶつかった問題を、ちょうど研究を始めた僕が解決し、共同研究として発表できたという幸運な成果であった。

第3章

太平洋をまたぐチャルメルソウ研究

3.1　憧れのアメリカ産チャルメルソウ類

2004年6月、僕はアメリカ合衆国アイダホ州にいた。修士課程2年目のときである。

真紅の花は鳥を、鮮やかな青や黄色の花はマルハナバチを、あるいはグロテスクな赤黒い臭い花はハエをそれぞれ呼んで、みごとに花粉を運ばせる。このような色とりどりの花の姿を生んだダイナミックな植物の進化は、送粉者への適応という視点をもつことで一目瞭然に理解できる（口絵2）。これこそが、僕が送粉生物学に感銘を受けた理由のひとつだった。だから大学院ではぜひとも、この興味にストレートに応える研究を中心に据えたいと考えていた。そんななか、チャルメルソウ類（p.19脚注*2参照）について学ぶにつれ、この仲間がユキノシタ科のなかでもとりわけ多様な花の姿の種を含む興味深い系統だとわかってきた[24)]。チャルメルソウ類の多様化の背景には、多様な送粉者との関係がコンパクトに詰まっていそうだ。だから、「**北米から東アジアにまたがって分布するチャルメルソウ類全体は送粉者に合わせてどのように適応進化を遂げ、多様化したのか？**」を解明することを大きな目標とした。

このスケールの大きなテーマに取り組むうえでは、北米に分布するチャルメルソウ類の調査は欠かせない。なぜなら、チャルメルソウ類の種の大部分は北米の固有種だからだ。実際、チャルメルソウ類に興味をもてばもつほど、北米のチャルメルソウ類への憧れは募るばかりであった。当時は今ほどインターネット上の情報が充実しておらず、とくに国外の植物でチャルメルソウ類のような地味なものの写真を見ることはあまりなかった。それで、線画だけの北米のフロラ図鑑を読んだり、若林先生に話を聞いたりして想像を膨らませるしかなかった。そんなとき加藤先生から、先生に届いた一通の電子メールのことが伝えられた。

それは、当時アイダホ大学にいたオーリ・ペルミア（Olle Pellmyr）博士からであった。ペルミア博士は、ユッカとユッカガの共生関係を精力的に研究していた生態学者で、当時から加藤先生や川北さんが研究していたカンコノキとハナホソガの送粉共生系に近いテーマの研究者だったので、名前は聞き及んでいた。意外なことに、僕の最初の投稿論文を審査した査読者であったことがそのメールで明かされていた。さらに、もしアメリカのチャルメルソウ類に興味があるなら協力する、という旨のことまでそこに書かれていたのだ。世に出すまでさんざんリジェクトされたこの論文だが、その審査の過程で多くの研究者の眼に触れることになり、このチャンスにつながったのだ。千載一遇のチャンスを逃す手はない。ペルミア博士を訪ねてアメリカ合衆国に向かうことを即決したのだった。

たった3週間ほどの単独渡米の予定であったが、せっかく有名な研究者のラボを訪れる貴重な機会である。英語が相変わらず苦手な自分に背水の陣を敷く思いで、ペルミア博士には「滞在時に研究紹介のセミナー発表をします」とメールで宣言し、日本を発った。当時から（今も相変わらず）計画性に乏しい僕は、このときは出発1週間前になって、思い立って英語リスニングのCDを必死に聴くという泥縄ぶりであった。それでも、こういうやり方で後に退けないようにして自分を追い詰めると、多少の成長につながるものである。アイダホ大学での発表は何とか聴衆に伝わったようだったし、単身英語で発表したことはたしかにその後の自信にもなった。

英語で研究発表をするという挑戦もしたものの、渡米の本来の目的は送粉者の調査である。初めての北米大陸でのフィールドワークであったが、第一印象は「ドラクエの世界みたいやな」というものであった。小学生のころからずっと熱中してきたロールプレイングゲーム「ドラゴンクエスト（ドラクエ）」シリーズは、広大なフィールドに点在する町や集落、あるいは洞窟を行き来する。しかし、都市や人家が切れ目なく存在する日本にいるかぎり、このドラクエの世界観はいささか非現実的なものであった。ところがアイダホ州北部では、集落と集落のあいだが数十 km と離れていることは普通で、集落があったと思ったら家が数件あるだけということもしばしば、あいだはひたすら草原や林なのである。とにかく自然、そして地形のスケールが大きいことに驚くばかりであった。

アメリカ合衆国でのフィールドワークを語るうえでは、もう１つ外せないものがある。それは地ビールである。アメリカは知る人ぞ知る地ビール大国で、どこのスーパーマーケットにも 20 を超える銘柄の地ビールが売られている。これらはどれも美味しく、個性的で、さらに安いのだ。僕はこの滞在で、アメリカで売られている主要なタイプのビールであるアメリカンエールにすっかりハマり、滞在中は飲みきれないくらいビールを買い込み、夜な夜な飲んでいた。ときにはフィールドでの車中泊ということもあったが、北米の大自然のなか、夕陽を見ながら飲むアメリカンエールはまた格別であった。

ところで、アイダホ大学のすぐ隣町にはワシントン州立大学がある。ペルミア博士は事前にここの標本庫も調査し、チャルメルソウの仲間がどこに自生していて、いつごろ開花しそうかを洗い出してくれていた。ワシントン州立大学――そこはソルティス博士がチャルメルソウ類の研究をしていた、まさにその場所であった。残念ながら、僕が訪れる数年前にソルティス博士はフロリダ大学に異動していたために彼に会うことはできなかったが[*1]、ワシントン州立大学には彼が残したかなりの数のチャルメルソウ類の標本が残っており、その情報がすぐに僕の研究に生きたのだった。

3.2 北米にもあったキノコバエ媒

ペルミア博士に最初に案内されたのはアイダホ大学から50 kmほどの距離にあるレアードパーク（Laird Park）という森林公園で、ここで念願の北米産チャルメルソウ類の花を、しかも一気に3種も見ることができた。その1つは、サカサチャルメルソウ（*Mitella caulescens*）で、いかにもチャルメルソウの仲間らしい緑色の花を咲かせる種である（**図 3.1**A）。苔むした沢沿いの林床に群生するようすなども日本産の近縁種を彷彿とさせるが、花が花序の上から下に向けて咲いていくという奇妙な性質をもっている点が特異である[*2]。チャルメルソウ類でこのような開花のパターンをもつ種はおそらくほかになく、その適応的意義は今もわかっていない。

ともあれ、日本のチャルメルソウ類によく似た本種の花にはキノコバエ類が訪れるかもしれない。そう考えて、花の前で日がな待っているとちゃんと昆虫がやってきた。幸先がよいことに、花からしきりに蜜を舐めていたその昆虫はやはりキノコバエの仲間だった。太平洋を隔てて、チャルメルソウ類とキノコバエ類との共生関係が確認できた瞬間であった。ところで、キノコバエ類には朝夕に活発に活動する性質（薄暮性）がある。最初に訪花が確認できたのも活動のピークである夕暮れ時で、サマータイムを取り入れているアメ

[*1] ちなみに、ソルティス博士には2009年2月にアメリカ合衆国サンティエゴで開催された国際会議で初めて会って話すことができた。

[*2] サカサチャルメルソウは、花序の上から下に向けて咲く開花の性質から、僕が勝手につけた和名である。

図 3.1
(A) サカサチャルメルソウ。奇妙なことに上から下に向けて咲くため、花序の下のほうにまだつぼみが残っていることがわかる。(B) ジュウジチャルメルソウ。花序の片側に同じ方向を向いた白い花が多数つく。(C) ツツザキツボサンゴ。かなり乾燥した岩場などに生え、日本のチャルメルソウ類の生育環境とは大きくイメージが異なる。

リカ合衆国では観察を終えたときはすでに夜の8時をまわっていたのだった。

さて、他の2種はサカサチャルメルソウとはずいぶんようすがちがうものだった。1つは、ジュウジチャルメルソウ（*Mitella stauropetala*）で、同じチャルメルソウ属に分類されているものの、花弁と萼片が真っ白の美しい花をつける種である（図 3.1B）。生えている環境も、苔むした沢沿いではなく、比較的乾いた林縁である。本種については、ペルミア博士がすでに送粉者を明らかにしていたことを最初の論文を執筆する過程で知っていた。送粉者はペルミア先生が専門で研究していたユッカガの仲間、チャルメルソウホソヒゲマガリガ（*Greya mitellae*）なのだ[25]。チャルメルソウホソヒゲマガリガは、ジュウジチャルメルソウの花から吸蜜する一方で、その花茎に産卵し、幼虫は花茎から植物体内に潜り込んで中を食い進むという生態をもっている。ジュウジチャルメルソウは、キノコバエ類ではなく、みずからを食草とする小さな蛾と緊密かつ奇妙な共生関係にある種なのだ。

もう1種は、クリーム色の可憐な花を咲かせるツツザキツボサンゴ（*Heuchera cylindrica*）であった。この種が属するツボサンゴ属は、北米に産するチャルメルソウ類の大部分である50種を占める大きなグループで、日本に自生するチャルメルソウ類とはあまり似ていない、白や黄色、ときにはピンクや赤色の花らしい花をつける。文献に草原や岩場に生えると書いてあるのを知ってはいたのだが、実際に本種が自生している姿を見て驚いた。湿った場所が好きなチャルメルソウ類のイメージとはまったく対照的に、かなり乾燥して植生もまばらな岩場や地面に好んで生えているのである（図3.1C）。葉のクチクラも分厚く、根茎はゴボウかニンジンのように太っており、大地深くに根を張っている。なるほど、ツボサンゴ属が乾燥地の多い北米大陸で50種もの多様化を遂げた理由もなんとなく納得できる。こちらについても観察をつづけたが、キノコバエ類がやってくることはなく、もっぱらマルハナバチ類が訪花していたので*3、見た目どおりの「まっとうな」花であることがわかった。

3.3　海外での単独野外調査

アメリカで最初に見ることができた3種から、やはりチャルメルソウ類には多様な送粉様式をもつ種が含まれていそうだという期待が強まった。しかも、送粉者は花の姿と関連づいているようである。とすると、このままチャルメルソウ類の送粉者調査を進めて、同時にチャルメルソウ類全体の系統関係を解き明かすことができれば、

---

*3　本種についてもペルミア博士の研究で、マルハナバチだけでなくホソヒゲマガリガの一種（*Greya enchrysa*）も送粉に大きく寄与していることが知られている[25]。

植物がダイナミックに送粉者との関係を変化させながら、同時に花の姿を変えてきた進化の過程が見えてきそうだ。

ところで、特定の植物の系統群全体で送粉者との関係を調べあげ、それがどのように花の進化に影響したかを解明した研究例は（今これを執筆している現在でも）数えるほどしかない。それは、あるグループを構成している種で送粉者との関係を網羅的に調べあげるというのはかなり困難だからだ。たとえば、ツツジの仲間（ツツジ属）の送粉様式を調べることを考えてみよう。まず、この属には850種以上が含まれていて、しかもその大部分は中国、東南アジア、ニューギニアに産する。その自生地をそれぞれ探し出し、そこにわざわざ出かけて行って、ちょうどタイミングよく開花している花を発見し、そこで日がな待って送粉者を確認する。さらに、これで送粉者を運よく確認できるかどうかもわからない。これがいかに途方もないことかはおわりいただけることだろう。

しかし、北米西部と日本で大部分の種の自生地がカバーできるチャルメルソウ類なら、すべてとはいわないまでも、かなりの部分の調査を網羅できるかもしれない。さいわいにも、北米西部や日本ではアクセスが比較的容易な場所にこれらの植物は自生していて、しかも標本庫を調査すれば、どこにどの植物が自生していて、いつごろ咲くかもだいたい把握できるのだ。それで果敢にも、できるかぎり多くの種を含む完全に近いチャルメルソウ類の分子系統樹を描き、また、そのなかでできるかぎり多くの種の送粉者を解明することをめざし、北米での調査をつづけたのだった。

アイダホ大学はアイダホ州の北西部、ワシントン州と接した街モスコー（ロシアのモスクワと同じ綴りの土地である）にある。そこからアイダホ州の山中に入ったり、あるいはワシントン州に入ったりして、一路西へレンタカーを走らせる。ワシントン州の西部にはカスケード山脈があり、これより海側か内陸側かで大きく気候が異なるので、多くの種で調査を行なうにはこのエリアを広範に移動しないといけない。アメリカはとにかく広く、また距離の単位がすべて「マイル」（1マイルは約1.6 km）なので距離の感覚がどうしてもおかしくなる。それで目的地までの目測が狂って、ときには深夜0時を過ぎても車を走らせないといけないような、過酷な行程であった。ほとんど標本の記録だけを頼りに、独り異国の広大な土地を旅するのは心細くもあったが、大好きな漫画の名台詞（名台詞はこれまでに食べたパンの枚数くらい数え切れないが、そのうちのひとつ）を思い出しながら、気持ちを奮い立たせるのだった。

> 「真の『失敗』とはッ！ 開拓の心を忘れ！ 困難に挑戦する事に無縁のところにいる者たちの事をいうのだッ！ この調査に失敗なんか存在しないッ！ 存在するのは冒険者だけだッ！」
> ［荒木飛呂彦：『ジョジョの奇妙な冒険』part 7、2004より一部改変］

実際に、やはりというか初めての単独海外調査中にはトラブルもあった。貧しい学生の身では、調査補助を誰かに頼むというわけにもいかず、なかなかどうしようもないことなのだが、単独野外調査はやはりリスクを伴う。何かあったとき、管理者側の責任が問われる恐れから、これから先どんどんと制約が厳しくなっていくのかもしれない。しかし現実として潤沢に時間がある学生だからこそ、このような野外調査が達成できたのだということは強調しつつ、僕の身に降りかかったトラブルを紹介しようと思う。もちろん、これらはいずれもみずからの不注意が招いたことであり、おおいに反省するところである。ぜひ他山の石としていただきたい。

トラブルのなかでもいちばんひどかったのは、舗装されていない山道を下る際に車の底面を擦ってしまい、それがもとで車が自走不能になるという事故を起こしたときだった（**図3.2**）。車が停止した

図 3.2　はじめてのアメリカ調査で壊してしまったシボレー車

のが舗装道に出てからだったのは本当に不幸中のさいわいだったが、オイルタンクが破損して車の底面から赤いエンジンオイルがとめどなく流れ出るさまを見て、車の構造にまったく無知だった僕は、車がこのまま爆発炎上するのではないかと真剣に恐れた。ともあれ、山道で途方に暮れつつも通りがかる車を待ち、両手を振って車を止めてレッカーを呼んでもらって、レンタカー屋に事情を説明して車を乗り換える運びになった。レンタカー屋には、未舗装道で起こした事故には保険が効かないといわれ、さらに青ざめた。実際にはレッカー代（80 km 運ばれた）と部品交換代を合わせても 300 ドル程度で済んだが、日本だったらいくらとられていただろうか。

また、車通りの少ない山道で、調査地を探してあたりを見ながら運転していて、パトカーに停止命令を受けたこともあった。銃社会のアメリカでは、警官は簡単に発砲すると聞いていたので僕はおおいに怯え、車を停止させて両手を前に出し、警官がやってくるまで神妙にしていた。実際には、蛇行運転を見咎めて酒酔いを疑われていたのだったが、飲酒運転ではないことをなんとか納得してもらってお咎めなしで済んだ。このときは、ペルミア博士に「怪しい人物ではない」という一筆を書いてもらった紙を携帯していたので助かった。

いろいろと大小のトラブルを乗り越えた末に、帰りの飛行機に搭乗しようとしたところで、最後の困難が待ち受けていた。チェックインカウンターで大きな荷物の中身を聞かれたので、正直に「植物です」と答えたところ、動植物は飛行機に乗せられないと言われ、搭乗を断わられたのだった。「これのためにアメリカに来たのに、これを置いていくわけにはいかない」とこちらは必死で頼み込んだわけだが、向こうも仕事であり、もちろん首を縦に振ってくれるわけはなかった。それでも、僕の持っていた航空券はたしか変更不可のものだったと思うが、「明日のフライトに変更してやるから、それまでに送るなりなんなりしろ」と向こうも妥協案を出してくれ、一泊延泊して標本を郵送する手続きを終え、結果としては事なきを得たのだった。なお、予定日に帰れないことを加藤先生にメールで知らせたのだが、先生はそれを知るや他の大学院生に「奥山、飛行機に乗れなかったんだって！」とうれしそうに伝えていたという話を帰国してから聞いた。

このときとその翌年に合わせて2回、米北西部を訪ね、さらにその翌年には東海岸（ニューヨーク周辺）も訪れた。2度目の北米西部調査の際には奇遇なことに、「やけん」の先輩、金岡雅浩さん（現 名古屋大学）がアイダホ大学にポスドクとして滞在しており、アイダホ州で調査するあいだ、彼の下宿に泊めてもらうことができた。金岡さんは途中から出張で不在だったが、たいへんありがたいことにそのあいだも下宿を使わせていただけた。

ところがある調査帰りの夜、誤ってその下宿の鍵を部屋の中に入れたままロックしてしまい、下宿から締め出されるということがあった。途方に暮れて車中泊したのち（さいわい車の鍵は手元に残っていた)、翌朝、隣人に助けを求めた。おそらく学生と思われるその隣人はたいへん親切な人で、部屋に入れてくれてオーナーの不動産屋に問い合わせてくれることになった。が、不動産屋が始業するまではどうしようもないということで、その待ち時間、彼は何やら冷凍庫からタバコの葉のようなものを取り出して葉巻にして吸いはじめたのだった。タバコにしてはなんだか酔っ払ったような受け答えになっていたので尋ねてみると、それは大麻であった。僕もそれを勧められたが、最初はタバコだと思っていたので「喫煙しないので」と断ったのはさいわいだった。そうでなければ、この話はここには書かなかっただろう。ともあれ無事に下宿の鍵は開けてもらえ、その隣人にはお礼にビールを１ケースあげた。

東海岸の調査は、ニューヨーク州でのアメリカ進化学会大会に参加したあとで、同じく学会に参加した川北さんといっしょにチャルメルソウ類の自生地をめぐった。このときは一人ではなかったのでたいしたトラブルはなかったが、いちど道中のマクドナルドにパスポートを入れたリュックサックを置き忘れたことがあった。そのまま店を出て 20 km ほど走ってから気づき取りに戻ったら、さいわいにもリュックサックは店で保管してくれており、これも事なきを得た。

そうやって、ときどき間の抜けた危うい経験をしながらも、チャルメルソウ類探しの旅をつづけ、結果的には相当数の種を自生地で発見することができた。最終的には、この研究のために 2002〜2007 年まで 6 年かけて、日本と北米の計 32 カ所で計 23 種について送粉者の野外観察をすることになった。これはひとえに、「ぜひこの目でチャルメルソウ類の生きた姿を見たい」という執念の賜物であったと思う。博士号というのは、些細なことではあっても「何かに関して世界一」であることを自負できるという資格だといえる。だから、ただ研究に必要なデータを集めるという意味を超えて、

「チャルメルソウ博士」になるために必要不可欠な生きた知識を僕に与えてくれたこの旅は、かけがえのないものだった。

3.4　チャルメルソウ類を網羅する

かなりの数の種を現地で発見できたとはいえ、送粉様式を全種で観察することはさすがに無理だったし、花を見ることすらできなかった種もあった。それでも、日本でキノコバエ類に送粉されているものによく似た緑色や赤褐色の地味な花をつける種については、すべて送粉者を調査することができた。そして驚いたことに、これらの花を訪れていたのはいずれもキノコバエ類だったのだ。さらに、自分で観察できなかった種であっても、一部では他の研究で調べられているものがあった。それらの知見を総合すると、チャルメルソウ類全体の送粉様式の全貌が見えてきた。

ここで、チャルメルソウ類の現行の分類体系を整理しよう。チャルメルソウ類は9属に分けられており、それぞれ北米固有の *Bensoniella* 属、*Conimitella* 属、*Elmera* 属、ツボサンゴ（*Heuchera*）属、*Lithophragma* 属、テリマ（*Tellima*）属、カタグルマ（*Tolmiea*）属と、日本にも分布するチャルメルソウ属とズダヤクシュ（*Tiarella*）属である。ちなみに、ツボサンゴ（*Heuchera*）属、*Lithophragma* 属、チャルメルソウ属とズダヤクシュ属以外はすべて1種しか含まれていない単型属である。そして、キノコバエの仲間が花粉を運んでいたのは、カタグルマ属とチャルメルソウ属に分類される種だけであることがわかった。このパターンからは、キノコバエの仲間が送粉する（キノコバエ媒）花は、チャルメルソウ属とカタグルマ属の共通祖先でただ一度だけ進化したという可能性も考えられるが、本当のところはどうなのだろうか。

チャルメルソウ類でキノコバエ媒花がどのように起源し、花の進化に影響したのか。この問題を解決するためには、チャルメルソウ類全体の分子系統樹を明らかにして、キノコバエ媒の種がそれぞれどのような系統関係にあるかを明らかにする必要がある。ここでさっそく以前の研究（第2章）が役立った。核リボソームDNAの2領域、すなわちETSとITSは交雑の影響をあまり受けないことがわかっていたので、これをチャルメルソウ類のなるべく多くの種で配列決定すれば、チャルメルソウ類全体の分子系統樹を推定できるはずなのだ。そのためにはDNAを解析できる試料を集めなければならないが、チャルメルソウ類には当時で76種もの種が知られていた（現在は追加記載されて82種）。ところが、このうち自分で見ることができたのは30種あまりにすぎなかったのだ。

一般に、ある系統群の分子系統樹を推定する研究では、どれだけ対象とするグループを網羅できているか（タクソンサンプリング）が生命線である。これが不十分だと、まるでピースがさっぱりそろっていないパズルのように、系統関係の全体像がつかめなかったり、場合によっては誤った系統関係を推定してしまうことすらありうる。そこで、なるべく多くの種を網羅できるように八方手を尽くした。この作業は大変だが、手元にどれだけの種を集められるかというコレクター精神をくすぐる楽しい過程でもある。

まず、ペルミア先生に依頼し、ワシントン州立大学の標本庫からDNA採取用の試料を送ってもらった。僕自身も先に述べたアメリカ東海岸の調査の際にニューヨーク植物園の標本庫に赴き、そこの標本庫に収蔵されている標本からDNA試料をいただくことができた。このとき、まったくアポなしで行ったのに親切に対応していただき、サンプルの採取も許可してくれたことにはおおいに感謝している（たいへん失礼なことなので真似してはいけない）。また、いちばん種数が多く、また集めるのも困難だったツボサンゴ属については、カリフォルニア大学バークレー校植物園がたくさんの種を植栽保有していることを知ったので、そちらに依頼してさらに多くの種を集めた。

こうして、最終的にはなんと9属すべて、種数にして53種もの試料を集めることに成功したのだ！　このなかには30年以上昔に採取された標本から採取した試料も含まれていたが、そこからも分析可能なDNAが得られることがわかった。ちなみに、京大の標本庫の場合は10年以上前の標本だとDNA分析がまったくうまくいかなかった。これは、高温多湿な気候のため標本の虫害、カビ害が多い日本では、強力な殺虫剤を燻蒸に多用してきており、それが試料内のDNAの断片化をひき起こしているためだと考えられているようだ[26)]。

3.5　チャルメルソウ属は多系統群だった

さあ、試料はそろった。あとは系統樹をつくるだけだ。さいわい、以前の研究で系統解析のノウハウは習得していた。そして第2章の研究で、おかしな系統関係を推定してしまう要因（交雑による遺伝子浸透）も、解析する遺伝子領域の選択でほとんど排除できることがわかっていた。この土台があったので、チャルメルソウ類全体の系統関係を推定することにはもはや大きな困難はなかった。

それにしても、近年の生物学の諸分野のなかでも、分子系統学ほど「大衆化」したものはそうないのではないだろうか。ある生き物（種）について興味をもち、詳しくなればなるほど、その種が他種とどのような進化的関係にあるかに興味が湧いてくるものである。しかし、分子系統樹がなければ、その「ちょっとした」疑問に答えるのは簡単なことではない。古典的な系統学では、この疑問に答えるため、かなり綿密な形質の観察や計測、そして比較解析が必要であった。数十の相同形質を対象種で調べあげるのに、どれだけの時間と労力、そして高度な専門性が必要かを考えると想像を絶する。しかもそれだけ苦労しても、解析結果は少しデータの解釈や追加によって簡単に覆るような「弱い」データであることが大半なのだ。

一方で、DNA の塩基配列は、種分化してから時間が経てば経つほど（おもに自然選択から中立な突然変異によって）互いにちがいが大きくなる性質をもつ。この発見は遺伝子進化の中立説の根拠となるものだったが、同時に生物進化の道筋を明らかにするという進化学の最も困難な課題のひとつに革命をもたらすものでもあった。DNA の簡便な解析技術（キャピラリー式全自動 DNA シーケンサー）が生物学の広い分野に普及したちょうどその時期に研究を始めた僕は、まさにこの「系統学革命」の恩恵を最初に受けた世代だといえる。

しかし、このことは同時に、系統関係を解き明かすだけの研究ではもはや研究者の独自性を発揮する余地がほとんどなくなったことを意味する。自分の好きな生き物の系統樹を描く作業は今も変わらず楽しいものだが、そこから独自の視点で、どんなおもしろい生物学的発見を導けるかにこそ研究者のセンスが問われるだろう。

ともあれ、それぞれ個性的なチャルメルソウ類の種で DNA 配列を決め、解析に加えていくたびに、興味をもっていた種の類縁関係が次々に明らかになっていくのは、快感というほかはない経験だった。実際、こうして得られた系統樹（**図 3.3**）は驚くべきものだった。なんと、チャルメルソウ属とよばれていた植物たちは、5つ以上もの異なるグループに分かれてしまったのだ。だからといって、この系統樹が信用ならないものだというわけではない。なぜなら、よくよくその異なるグループに入ってしまった「チャルメルソウ属」の特徴を見てみると、それぞれまったく異質なものであることは納得できたからだ。

じつは、これまでチャルメルソウ属のなかには、5個の雄しべが

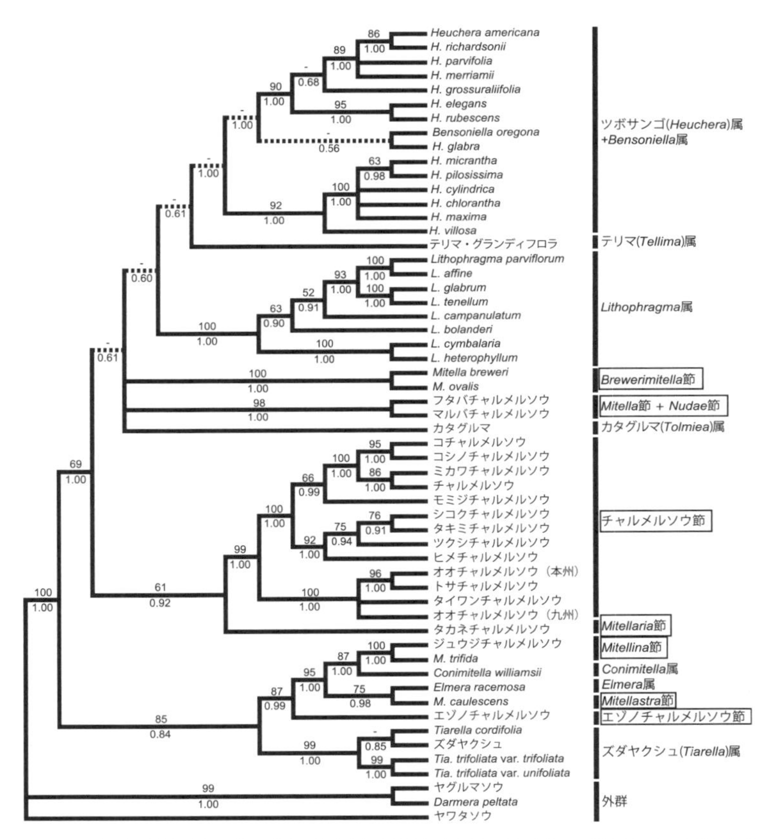

図 3.3　核 ETS 領域と ITS 領域の塩基配列に基づくチャルメルソウ類 9 属 53 種（変種含む）の分子系統樹

枝の上の数字はブートストラップ法、枝の下はベイズ法の事後確率による枝の支持値。系統樹の右側に、それぞれ単系統群にまとまるグループ名を示している。従来のチャルメルソウ属が四角で囲った 7 つのグループに分かれていることがわかる。

花弁とペアでつくもの、5 個の雄しべが花弁と互いちがいにつくもの、雄しべの数が 10 個のものというように、花の基本デザインが大きく異なる種がまとめて入れられていたのだったが（口絵 4 上段）、これらはやはりかなり類縁の遠いものだということを系統樹は示し

果実

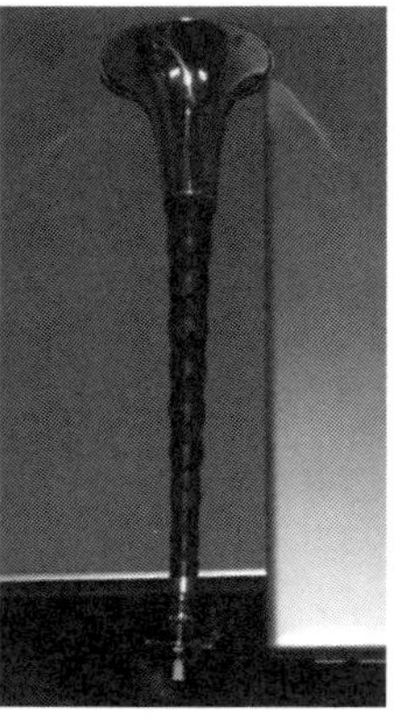

チャルメラ

図 3.4　チャルメルソウ属の果実
チャルメラ（右）によく似ている。

ていたのだ。ちなみに、そもそもこんなにも異質な「チャルメルソウ属」はどのように定義づけられていたのかというと、それは実質、果実が上向きに開いて「チャルメラ」のようになる性質だけであった（**図 3.4**）。たしかに、この果実の形質は従来のチャルメルソウ属全種に共通しているのだが、これは雨滴・水滴散布への適応が平行進化して生じた形質であって、互いの類縁性を示しているわけではないようだ。

こうして予想に反し、従来の分類体系で定義されているチャルメルソウ属は複数のグループにまたがる植物の寄せ集めとわかったわけだが、少し難しいことになった。この結果は、僕が野外でキノコバエ類に送粉される（キノコバエ媒）と確認した種もまた複数の系統に分かれることを意味している。そうすると、花と送粉者との関係はチャルメルソウ類の進化の過程でいく度となく変化してきたことになる。いったい、いつ、どのようにチャルメルソウ類とキノコバエ類との送粉共生関係は進化したのだろうか。

3.6　系統樹から過去を復元する

「もしもタイムマシンができたら、進化生物学は不要になる」。ときどき僕はこんなことを言っている。進化生物学の究極の目標は大きくは2つあって、1つはもちろん進化の普遍的原理・法則を解き明かすことだが、もう1つは過去を復元し生物進化の歴史を詳らかにすることである。そして、タイムマシンができてしまったらまず後者は達成され、それによって前者も達成されてしまうだろうという話だ。しかし当分、タイムマシンはできないだろうから、進化生物学者はそれ以外の方法で過去を復元しようとしているのである。

いうまでもなく、強力な過去復元の手がかりとなるのは化石だ。化石なくしての進化の議論は空虚であるとさえいえるほど化石はだいじなのに、嘆かわしいことに僕も含めて現生生物の研究者の多くは古生物学の知識に乏しい。とはいえ、残念ながら化石がほとんど出ない生物群というのがあるのも事実で、たとえばチャルメルソウ類のような草本植物はたいていの場合、化石に残らない。さらに、送粉者との共生関係のような、形に残らない生物間相互作用の証拠を化石からたどるのはなおさら難しい。もっとも、琥珀の中に封入された昆虫化石を精査すれば、体表に付着している花粉化石からその昆虫がどのような花を訪れていたかがわかるかもしれないし、そのような調査研究はまだまだ開拓の余地があるように感じる。

ともあれ、化石記録が不十分あるいは皆無であっても、過去を復元するのに強力な力を発揮するのが系統樹である。系統樹を用いれば、祖先から複数の現生種が生じる過程で、さまざまな形質進化がどのように起きたかを推定することができるのだ。これを「系統樹による祖先形質の復元（推定）」とよぶ。ただし、これは注目している形質がめったに進化しないものであればあるほど、高い信頼性で推定できる手法であることに注意が必要だ。

たとえば、陸上脊椎動物における翼の進化を考えてみよう。これは、めったに起きない形質進化なので、コウモリの共通祖先と鳥の共通祖先で計2回だけ進化したと推定できるし、また、陸上脊椎動物の共通祖先は翼を持っていなかったこともほぼ確実といえる。しかし、たとえば草食性という形質だと、翼よりも容易に進化する形質だということは直感的に理解できるだろう。そして、たとえば爬虫類と哺乳類の共通祖先が草食だったか肉食だったかを容易に推定できるだろうか。哺乳類の共通祖先ではどうか。このように、頻繁に進化しうる形質であればあるほど、その進化プロセスを復元するのは簡単なことではない。これは、基本的に祖先形質の復元が最節約法の原理に論拠しており、めったに起きない進化ではこの考え方がとても有用であるのに対して、繰り返し起きうる進化では最節約的な進化を想定するのはしばしば現実に合わないからである。

とはいえ、広く使われる最節約法よりは、このようなケースに強い手法がすでに提案されていた。それは「最尤法による祖先形質復元」である。最節約法では、系統樹全体で、進化（形質の変化）の回数が最少になるような祖先形質を復元する。ただ、このやり方では往々にして同じ最少の進化回数でも、異なる祖先形質が同じように支持されてしまうので、繰り返し進化するような形質ではほとんどの場合、意味のある結論を得ることが難しい。一方、最尤法では、形質間の変化を単純にカウントするのではなく、その（単位時間あたりの）起こりやすさを確率モデルで表わす。そして、対象とする生物の系統樹と実際に観察されている現生種の形質状態から、最も現実に合う確率モデルのパラメータを推定し、同時に系統樹内のそれぞれの分岐点における取りうる祖先形質についても尤度で評価する。大雑把にいえば、最節約法ではある系統樹の分岐点での祖先状態は、とりうる形質がAまたはBの場合、A、B、A or Bという

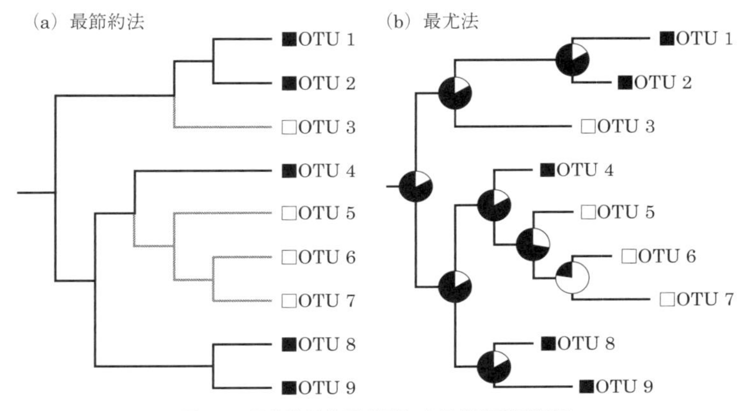

図 3.5　最節約法と最尤法による祖先形質復元

ここでは、仮のデータを用いて解析を行なっている。黒（■）と白（□）はそれぞれの種（operational taxonomic unit；OTU）の形質を表わす。最節約法（a）では祖先形質は一意に定まるのに対し、最尤法（b）では祖先形質はつねに尤度の比で表わされる。

3 通りでしか評価できない。それに対して、最尤法では、とりうる祖先形質を尤度スコアで表現するため、A は B に比べて何倍ありうる、といった定量的な評価ができるのである（**図 3.5**）。また、形質進化の起き方についても、樹長に比例して形質進化の起きる確率が高まるというような、より精密で「現実に即した」モデルが想定されている。

ここでは手法の詳細については書かないが（正直にいうと、当時勉強した内容の多くはもう忘れてしまったので書“け”ないのだ）、最尤法を用いた祖先形質復元は、最節約法を用いたものと比べてとても難解で、厳密な解析を行なうために難しい論文を読み込み、使いこなすのが難しいプログラムと格闘する日々であった。そのうえ、もう 1 つ大きな問題にぶつかった。祖先形質復元、とくに最尤法を用いた解析では、現生種の形質がすべてわかっている必要があり、「不明」のままにしておくことができないのだ。しかし、先にも述べたとおり、系統解析に用いた種のすべてで送粉様式を明らかにできているわけではない。さらにいえば、さまざまな昆虫が複雑に関係している送粉様式をどのように類型化すればよいのかも悩みどころであった。けっきょく、過去の送粉共生を復元することなどできないのだろうか。

3.7　繰り返し進化していたキノコバエ類との共生関係

しかし、ここでひらめいた。花の形に着目するのはどうだろうか。形も含めた花の形質は、一般に送粉様式と関連していることがよく知られており、チャルメルソウ類でもそのようになっている可能性が高い。そして、花の形であれば、系統解析に含めた全種でどうなっているかがわかる。さらに、チャルメルソウ類の花形質は3通りに類型化できることに気づいたのだ。まず1つめは、ズダヤクシュの花に代表される、雄しべや雌しべが花の外に突き出している花の形で、これを「突出型」とよぶことにした。次に、チャルメルソウやシコクチャルメルソウに代表される、萼筒が発達して雄しべや雌しべが花の内側に隠れるタイプの花で、これは「取り囲み型」とよぶことにした。最後に、花盤が発達し、雄しべや雌しべが短く、全体として皿型となる花で、これはそのまま「皿型」とよんだ。

最尤法による祖先形質復元では、この3つの花形質のあいだの6通りの進化（**図3.6**）の起こりやすさをパラメータとして推定できる。その結果、これらの花の形はどれも同じように起こるのではなく、明確な方向性があることが示唆されたのだ。すなわち、突出型から取り囲み型は進化しやすいが、その逆は起こりにくい。取り囲み型と皿型は互いに進化しやすい。そして、突出型から皿型あるいはその逆の進化は起こりにくい、といった具合である。さらに、チャルメルソウ類全体の共通祖先の花の形は突出型で、そこから少なくとも4回、皿型の花が進化したことが示唆されたのである（**図3.7**）。

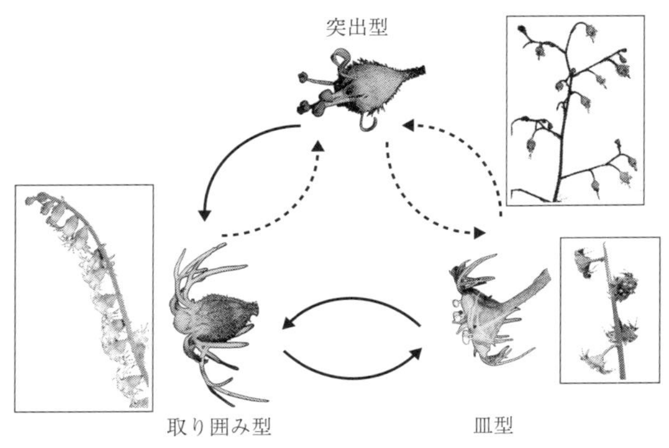

図 3.6　チャルメルソウ類の花形態の 3 タイプと、そのあいだでの進化の起こりやすさ
突出型、取り囲み型、皿型の花をもつ種の代表としてそれぞれ、ヒューケラ・ミクランタ、ジュウジチャルメルソウ、サカサチャルメルソウの花の拡大図を示してある。枠内はそれぞれの花序の様子。実線の矢印の方向の進化は起こりやすく、破線の矢印の方向は起こりにくい。

さて、これで花の形の進化については結論が出たが、肝心の送粉者との関係はどうなっているのだろうか。50 種にものぼるチャルメルソウ類のうち皿型の花をつける種はすべてチャルメルソウ属に分類されており、14 種あった。チャルメルソウ属を重点的に調べていたこともあって、僕はそのうち 13 種で送粉者を突き止めていたのだった。驚くべきことに、それらは例外なく口吻の発達しないキノコバエ類に送粉されていたのだ。なお当時、唯一未調査だったのが、台湾に自生するタイワンチャルメルソウだったが、この種についてものちに調査した結果、やはり送粉者は口吻の発達しないキノコバエ類だった[27]。

一方、突出型や取り囲み型の花をつける種では、口吻の発達しないキノコバエ類が送粉する種は見当たらなかった。もちろん、こちらは送粉者を調査できていない種も多いが、そのような未調査の種の大部分は白や黄色、ピンクといった花らしい花をつけるものばか

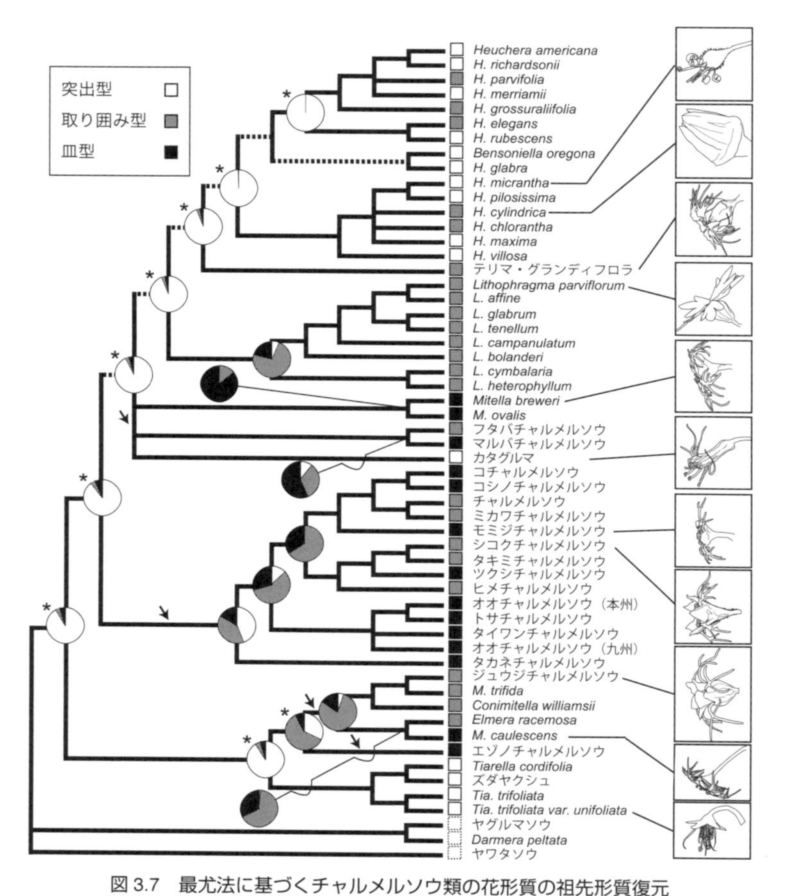

図3.7　最尤法に基づくチャルメルソウ類の花形質の祖先形質復元

パイグラムの上の*印は、突出型の花形質が有意に支持されることを示す。矢印は皿型の花形質が少なくとも1回起源したと考えられる系統群を示す。

りだったので、他にキノコバエ類が送粉しそうな種は見当たらない。つまり、口吻の発達しないキノコバエ類に送粉されている種の花は、例外なく皿型だったのだ。この皿型の花が4回も平行進化していたことは、口吻の発達しないキノコバエ類との送粉共生が、皿型の花を進化させたという強い証拠にほかならない。

まず、口絵4の上段をもう一度見てほしい。これらはチャルメルソウ属6種の写真だが、互いに花の姿が似ている上側の3種は類縁が遠く、実際には縦の2種、すなわち（A，D）（B，E）（C，F）どうしが近縁だということを、今回の研究では明らかにした。そして、そのそれぞれの花に送粉者が訪れている決定的瞬間をとらえたのが、同じ口絵4の下段の写真である。上側の3種の類縁関係を知ったうえでこの写真を見れば、いずれも口吻の発達しないキノコバエを送粉者として利用するために似通った花の姿を進化させたことに納得でき、感動を覚える。

僕の研究の入口になった、キノコバエの仲間がチャルメルソウ類の花粉を運ぶという発見はささやかなものだ。だが、僕はこの小さな発見にこだわることにした。大学院生時代の全期間を費やして「チャルメルソウ属」のほぼ全種の送粉者を調べあげた甲斐あって、これまで、ともすれば送粉者としては見過ごされてきたキノコバエという昆虫が、チャルメルソウ類に特徴的な皿型の花を進化させた立役者だということが明らかになった。花と送粉者の研究に憧れてこの分野に入門した僕だったが、ついに花の進化の物語に独自の新しいエピソードを付け加えることができたのだ。

そして、この研究を発表してちょうど10年になる2018年、うれしいニュースが飛び込んできた。京都大学の大学院生望月昴さんと、あの川北篤さんの研究で、チャルメルソウ類以外でも特殊化した皿型の花をもち、同じようにキノコバエ類に送粉される植物がいくつもあることが発見されたのだ。しかも、そのような花は、同じユキノシタ科のクロクモソウをはじめ、マンサク科のマルバノキ、ガリア科のアオキ、ニシキギ科のサワダツ、ムラサキマユミ、そして、ユリ科のタケシマランと、とても類縁の遠いいくつもの植物にまたがって進化していた[28)]。予想もしなかった形で、僕の小さな発見は新しい発見につながったようだ。この小さな昆虫と花との関係についてのさらなる研究の広がりがたいへん楽しみである。

この原稿を書いている途中で、ペルミア博士の訃報が入った。2009年にアイダホ大学で開催されたアメリカ進化学会大会でお会いしたのが最後で、数年前から病を患っているという話を噂には聞いていたのだが、ついにご本人から病状をうかがうことができないまま今日まで来てしまった。ここまでに書いてきたとおり、この研究は、渡米から調査地の選定、試料集め、論文執筆に至るまで、博士の助力がなければ、とうてい成し遂げることができなかった。日本の片隅でささやかな発見をした未熟な研究者の卵を見いだしてくれて、太平洋をまたぐ研究へと導いてくれた博士の見識に本章を捧げたいと思う。

第4章 チャルメルソウの「種」の正体

4.1 生物学的種概念と分類

ところで、チャルメルソウ類の研究をつづけていて、ずっと気になっていることがあった。チャルメルソウ類で「種」とよんでいるものは、はたして本当に種なのだろうか。かつて村上先生の講義で「生物学的種概念」を学んで以来、ずっと自分が種とよんでいる（あるいは分類学上、種と認められている）ものが、はたして本当にその生物学的種と一致するものなのかどうか確信がもてずにいたのだ。僕自身は進化の視点から、日本にチャルメルソウ類の種数が多いことに興味をもって研究を始めたわけなので、その種の実態を把握することは研究の根幹にかかわることだと考えた。

分類学上は、近縁種と不連続で、環境によらず安定した識別形質が認められる場合、それを独立した種とみなす場合が多い。しかし、独立種とするべきなのか、ただの変異の範疇に当たるのかの判断は、その分類群を専門とする分類学者に委ねられているところがある。一方、生物学的種概念で定義される種とは、「実際にあるいは潜在的に相互交配する自然集団のグループであり、他の同様の集団から生殖的に隔離されている[29]」とされている。これは進化の単位として種を位置づけている点で画期的な定義なのだが、「交配可能性」は目に見えず、また調べることも簡単なことではないので、当然ながら実際上の分類に合っているとは限らない。

しかし、「交配可能性」なんてどうやって調べたらいいだろうか。

「絶対に雑種ができない種どうしだから別種」とでもいえるのなら簡単だが、残念ながら多くの植物の近縁種どうしでは、雑種ができないほうが珍しいし、実際にチャルメルソウ類のあいだでも雑種はまれながらいくつか報告されている。だが、野外でまれに雑種が生じることがあったとしても、結果として互いに遺伝的交流が十分に小さい場合は、それぞれの集団を生物学的種概念に基づく独立した種とみなすことができる。だから、種の実態を明らかにするというと簡単そうに聞こえるけれども、そのためには実際の種間の遺伝的交流を妨げているもの（生殖隔離）があるのかないのか、あるとしたらそれはどのようなものなのか、といったことを一つひとつ突き詰め、明らかにしていくほかないのだ。

4.2　遺伝子で種を見分ける

ところで最近、生き物の種がそれぞれ独自の遺伝子組成をもっている（はずである）ことに着目して、遺伝子を調べることで種を同定するしくみに関する研究が進んでいる。DNA 配列を、商品に付けるバーコードになぞらえて「DNA バーコーディング技術」などとよんだりもする。これは生物学的種概念を前提として、「種分化が起きてから十分に時間が経ち、生殖隔離が維持されている理想的な状態がつづいたとしたら、それぞれの種は固有の遺伝的組成を有する存在として認識できるはずである」という予測のうえに成り立つ技術である。

種が他の種から長期間、明確に隔離されて進化しており、その種の独立性を疑う余地がほとんどない状態を、俗に「良い種（good species）」などといったりするが、このような「良い種」だけなら、遺伝子解析をするだけでも見分けられるかもしれない。逆に、遺伝子解析で種がうまく認識できなかったとしたら、それは少なくとも

「良い種」とはいえない、ということになるだろう。

そこで、日本と台湾の固有種だけで構成されている単系統群チャルメルソウ属チャルメルソウ節[*1]の全10種2変種（当時）について、全国からなるべく多くのサンプルを集めることにした。もしも従来の分類で定義されている種が「良い種」であるならば、その種の分布域のどこからもってきたものであっても、他の種と遺伝子レベルで区別できるはずだからである。最終的には、それぞれの種ないし変種ごとに、最低でも2集団、多くて20集団から標本を集め、全部で158個体の植物について遺伝子解析を行なうことにした。つまり、本章の最初の問いは次のようなものになるだろう。

《日本そして台湾の各地から集めてきたチャルメルソウ節の植物158個体の“種”を遺伝子で分類することができるだろうか？》

植物では、解析の簡単さから葉緑体DNAの配列がDNAバーコーディング用途に用いられることが多いが[*2]、第2章で紹介したとおり、チャルメルソウの仲間では葉緑体DNAは交雑の影響が大きく、少なくとも種の識別には向いていないように思われた。そこで、葉緑体DNAについても一応解析はするものの、メインでは先の研究で交雑の影響を受けにくいことがわかっていた、核リボソームETSとITS領域（以下、核rDNAと表記する）を調べることにした。

結果はわかりやすいものだった。**図4.1**に示すとおり、核rDNAでは、チャルメルソウ節の従来の分類でいうところの10種のうち

[*1] チャルメルソウ節（section *Asimitellaria*）はチャルメルソウ属の下位に位置する分類群として定義されており、日本産チャルメルソウ属の大部分が含まれる単系統群である。チャルメルソウ類のなかでの位置づけについては第3章の系統樹（図3.3）を参照されたい。

[*2] そして、世界的な趨勢としても葉緑体DNAを用いることが推奨されているようであるが、筆者は自分の研究上の経験から、その妥当性にやや懐疑的であることはあとで述べるとおりである。

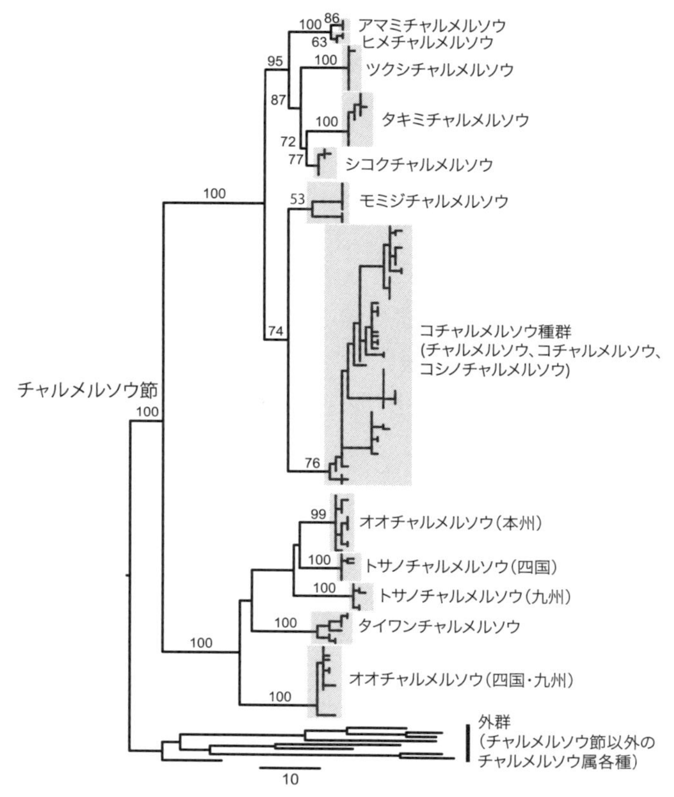

図4.1　核ETS領域とITS領域（核rDNA）の塩基配列に基づくチャルメルソウ節全種162個体の最節約系統樹

ここでは、のちに発見されたアマミチャルメルソウも解析に含んでいる。チャルメルソウ、コチャルメルソウ、コシノチャルメルソウ以外の種は独自のグループにまとまり、さらにオオチャルメルソウ、トサノチャルメルソウとよばれていた植物は2つのグループに分かれることがわかる。

6種は、固有の遺伝的なまとまりとして認識されることがわかった。つまり、これらは形態だけでなく、遺伝的にも独立した「良い種」である可能性が高いということだ。一方で、チャルメルソウとコチャルメルソウ、そしてコシノチャルメルソウの3種はお互いにきわめて近縁で、それぞれを遺伝子レベルで（少なくとも今回のデータでは）識別できないことがわかった。そして驚いたことに、オオチャルメルソウ、トサノチャルメルソウとされていた2種それぞれのなかにまったく独立した2つの遺伝的グループが含まれていることがわかったのだった。

チャルメルソウやコチャルメルソウが遺伝的には見分けられないということは、これまでの研究からも薄々わかっていたことなのでここでは置いておくとして、若林先生が丹念に検討していた日本産のチャルメルソウ節のなかに、このオオチャルメルソウ、トサノチャルメルソウのような、まだ細分できるかもしれないものがあるというのは予想外のことであった。これらの独立した遺伝的グループというのは本当に別種なのだろうか。それとも、たまたま調べた遺伝子（核 rDNA）に2つのタイプがあるだけなのだろうか。

4.3 チャルメルソウ類を掛け合わせる

このように、遺伝解析の結果が従来の分類とピッタリ一致すれば話は簡単だったのだが、やはり現実にはそうはならなかった。そして、さらに話をむずかしくしたのは、オオチャルメルソウとトサノチャルメルソウとされていた種のなかに見つかった2つの遺伝的グループが、それぞれ地理的に異なる場所の集団に由来するものだということだった。つまり、オオチャルメルソウには紀伊半島型と四国および九州型、トサノチャルメルソウには四国型と九州型のそれぞれ2タイプがあるようなのだ。この新たに見つかった2タイプどうしは異なる場所に生育しているので、自然状態で互いに交配することはない。だから、潜在的に相互交配する可能性があるかどうかがわからないので、これらがただの地理的変異なのか、別種に相当するものなのかを議論することはきわめてむずかしくなる。生物学的種概念を実際に分類に当てはめるうえでの大きな問題は、このような異なる場所に分布する集団どうしの関係を議論することだったのだ。

この問題を解決しうる方法はただ1つ。実際に交配してみるしかない。今回見つかった「同種」のなかの2タイプ間で、交配後の個体の生存率や繁殖力の低下が見られたなら、そこには生殖隔離があるということになり、それぞれを別種とみなせる根拠となるだろう。しかし、チャルメルソウの仲間を交配して、その繁殖力が低下するかどうかを見るなんて、ずいぶんと気の長い話だ。そもそも、あまり園芸人気のない山野草なので、交配してできた種子が次に花を咲かせるまでどれだけかかるかもまったく情報がない。おまけに、自分は植物を栽培した経験もあまりない。このように、前途多難な予感はいくらでも思い当たるので、これ以上研究をすすめるべきかどうか、正直、躊躇していたのだった。

しかし一方で、かつて村上先生の授業で聞いたある研究に、ずっと強い憧れを抱いていた。それは第1章のはじめで述べた、異なる送粉様式をもつミゾホオズキ属の近縁種間で遺伝解析を行ない、特定の送粉者への適応に関係する遺伝子領域を特定した一連の研究である[9, 10]。こういう研究を始めるにしても、掛け合わせをしないことには始まらないのだ。そんななかで思い出したのが、修士1年のときに参加したとある学会で、初めてお会いした九州大学の矢原徹一先生からもらった、ちょっとしたアドバイスであった。当時からチャルメルソウで交配実験をやるなんて現実的だろうかと逡巡していた僕に対する矢原先生の言葉は、「迷ってるくらいなら、やってみたらええやん」というものであった。

ちょっとだけ紹介しておくと、矢原先生からアドバイスを受けたのは、種生物学会という400人程度の生物学者（おもに植物学者）の規模の小さな集まりであった。この学会では、英文誌の“*Plant*

Species Biology"、和文誌の『種生物学研究』(一般書店で購入可能)を刊行しているのだが、特筆すべきは毎年1回、2泊3日の合宿形式でシンポジウムを開催していることである。もともと有志の勉強会から発展したものだそうで、毎回このシンポジウムのために全国の大学や研究機関などの一線で活躍している研究者、教員らが集まる。とくに重要なのは夜で、合宿形式なので、参加者が全員宿舎で文字どおり夜を徹して熱い議論を交わす。ふだんは忙しくてなかなか話す機会が得られないような「ビッグネーム」の先生もしばしばやってきて、存分に話につきあってくれる。だから、当時駆け出しだった僕のような学生には、ものすごく大きな刺激を受ける場であったのだ。

矢原先生のことは、加藤先生をして「最も植物に詳しい研究者のひとり」と言わしめる植物学者で、その著書などを通じて知っていたのだが、その憧れの研究者に初めて直接会えたのがこの場であった。さらに、矢原先生自身が、ワスレグサ科キスゲ属の種間(スズメガによって送粉される夜咲き種のユウスゲと、アゲハチョウによって送粉される昼咲き種のハマカンゾウ)の交配に基づく遺伝解析のプロジェクトを始めていた。この材料は、花が開く時間が送粉者に適応して、種間で異なっている点がきわめてユニークで魅力的な系である。ところが、このキスゲ属も発芽から開花まで何年もかかる多年草であった。だから、この矢原先生の言葉には説得力があったのだ。そういわれてみると、学生のうちなら失敗しても取り返せるし、いろんな試行錯誤ができる余裕もフットワークもある気がしてきた[*3]。さいわい、チャルメルソウの仲間は株も小さいし、いろいろと集めて片っ端から交配してみるのもできないことはない。そ

---

*3 しかし本当は、授業料を払いながらの博士課程なので、年限内に研究成果を上げないと経済的に厳しいことになるのだが…。

う考え、手持ちのチャルメルソウ類の株を掛け合わせてみることにしたのだった。

4.4　雑種の繁殖力は低下した

そうやって実際に掛け合わせをやろうとしてみると、むずかしいと思っていたチャルメルソウの仲間は、むしろいろいろと好条件に恵まれていることに気づいた。まず、1株に花がたくさん（多いと100以上）つくので、失敗してもやり直しが簡単である。それに、1つの花にできる種子の数も多い（多いと50以上）ので、1つの花を受粉するだけで多くの雑種を得ることができる。さらに、花が開いてから1日後くらいに雄しべが開いて花粉を出す（雌性先熟）ので、花が開いた直後におしべを取り除けば、勝手に自家受粉が起きることはなく、交配相手を自在にコントロールすることができる。交配の操作自体も花が小さいので一見むずかしそうだったが、爪楊枝の先で花粉を出している雄しべに触れればしっかり花粉が付き、それを雌しべにまぶせば確実に受粉に成功した。たくさん花があるので、どの花にどのような掛け合わせを行なったかを記録することもむずかしそうだったが、**図4.2**のように、ビニール紐を細く割いた糸をしばりつけて印をつけることを思いついた。この印は、結実して種子ができるまでずっと残っているすぐれものであった。

このようにして、何通りの掛け合わせを試しただろうか。だが、予想されたことではあったが、どのような親の組合せで掛け合わせをしても果実は順調に実り、種子ができた。このことは、チャルメルソウ節の種間では、受粉から結実に至るまでのあいだには明瞭な生殖隔離がおそらくないことを示している。ただし、1つの雌しべに同時に同種と他種の花粉を付けた場合、同種の花粉のほうが選ばれて受精する、というようなタイプの複雑な生殖隔離のしくみが絶

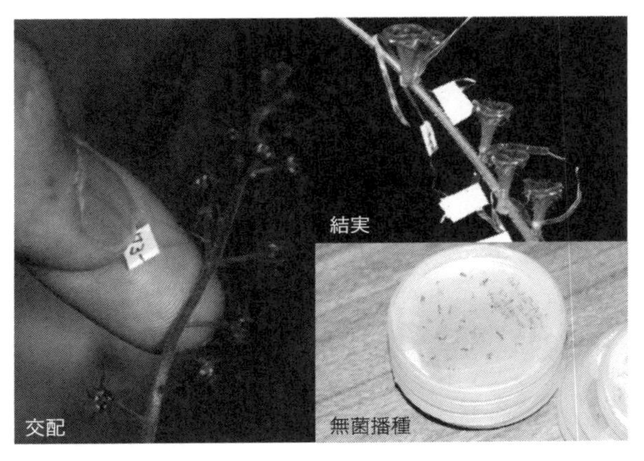

図 4.2　チャルメルソウ類の交配実験のようす

対にないとはいえない。ここでは、あくまで雌しべに1種の花粉がついた場合は、それが同種であれ他種であれ結実に至る、ということがわかったにすぎない。ともあれ、チャルメルソウ節の種間にあるかもしれない生殖隔離を調べるためには、もっと先のステージを見なければならない。そこで、掛け合わせで実った種子を発芽させてみることにした。

2年にわたってチャルメルソウ節の掛け合わせを繰り返し、合計43通りの掛け合わせパターンで果実が得られた。それぞれの掛け合わせのパターンに由来する種子の発芽能力やその後の成長を見るため、1つの果実から得られた種子のうち20個くらいをまとめて寒天培地のシャーレに蒔いた。すると、オオチャルメルソウとチャルメルソウなど、類縁の著しく遠い種間の掛け合わせの一部では種子が発芽しないこともあることはわかったが、ほとんどの組合せでは問題なく種子が発芽したのだった。そして、発芽した種子は順調に成長した。つまり、この雑種の発芽、成長能力という段階に至っても、ほとんどの種間では明瞭な生殖隔離が見えないということになる。最初から覚悟していたことではあったが、やはりさらなる先のステージ、すなわちこの雑種に生殖能力があるか？というところまで追いかけざるをえない。さいわい、種子から育ててみると、チャルメルソウ節のほとんどの種は早ければ1年で開花に至ることがわかった。つまり、掛け合わせを行なった1年後には雑種の繁殖能力まで調べることが可能だったのだ。

さて、雑種の繁殖能力だが、これはどうやって測定すればいいだろうか。有性生殖をする生物では、オス・メス両方の繁殖能力があるわけで、植物ならばそれぞれ花粉と胚珠がどれくらい受精可能か、を両方見るのが本来は望ましい。しかし、胚珠が繁殖可能かどうかを判断することは容易ではないので、ひとまずオス（花粉）側の繁殖能力（稔性）を調べることにした。花粉の稔性を見る方法には、アニリンブルーなどの染色液で花粉を染めて内部が充実しているかどうかから形態学的に判断するやり方もあるが、より直接的に花粉が実際に花粉管を発芽させられるかどうかを観察することにした。花粉は雌しべ柱頭部につくと、そこで花粉管を伸ばして花柱内部を通って胚珠まで到達し、そこで精細胞を出して受精する。すなわち、花粉管を出せるかどうかは花粉の受精能力のかなりよい指標になると考えられる。

そこで予備実験として、早めに開花したコチャルメルソウの花粉を、5% ショ糖を含んだ寒天培地に蒔いてみたのだが、ほとんど発芽が見られず、いきなりつまずいた。そんなとき、たまたま京都のジュンク堂書店で植物学関連の実験手法が書かれた指導書を見つけて、パラパラと立ち読みをしたら、一部の植物の花粉は花粉管発芽にホウ素を要求する、という記述を見つけた（本の詳しいタイトルなどは完全に忘れてしまった）。そこで、培地にごく微量のホウ酸を加えてみたところ、これが効果てきめんであった。（雑種ではない）野生種では、花粉はこの培地上で 68〜99% が発芽することがわか

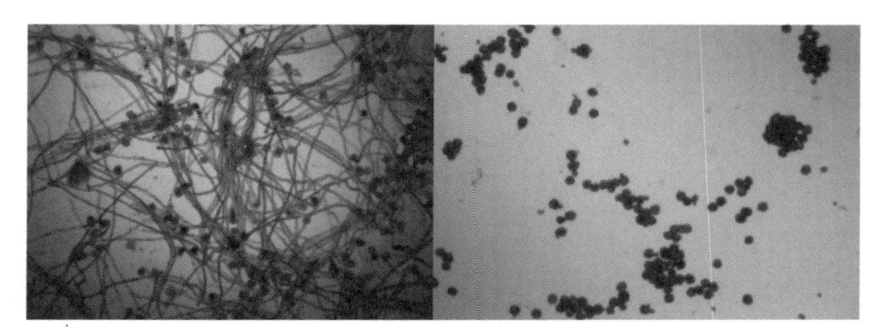

図 4.3　培地上で発芽させたチャルメルソウ類の花粉
左はコシノチャルメルソウの花粉で、稔性が高く、右はモミジチャルメルソウとオオチャルメルソウの雑種の花粉で、稔性がほとんどない。

った。

最終的に、ショ糖 5%、ホウ酸 0.005%、寒天 1% の水溶液を加熱してよく混ぜ、これをガラスのシャーレに薄く敷く。これを 1.5 × 1.5 cm に切り出し、スライドグラスの上に乗せて、その上にさらに寒天抜きの同じ培地を 1 滴たらし、そこに花粉を蒔くという実験手順を確立できた。これを加湿した密閉容器に入れて室温で 12 時間以上置けば、発芽能力のある花粉は確実に花粉管を出す（**図 4.3**）。これで、雑種の花粉稔性が下がるかどうかを調べる準備は整った。

さあ、結果はどうなっただろうか。驚いたことに、これまでいっさいの生殖隔離の片鱗を見せなかったチャルメルソウ節の各種であったが、掛け合わせを行なった雑種の繁殖能力を測定した結果は劇的なものだった。詳しくは**図 4.4** を見ていただきたいが、およそ種間で交配したものはすべて大幅に花粉稔性が低下していたのだ。しかも、その度合は、50% 程度の低下から 100% の低下（稔性ゼロ）まであり、定量的に評価できることがわかったのだ。

たとえば遺伝解析から、オオチャルメルソウ、トサノチャルメルソウ、それぞれのなかに 2 つの遺伝的グループがあることがわかったことは先に述べたとおりである。なんと、この間でつくった雑種

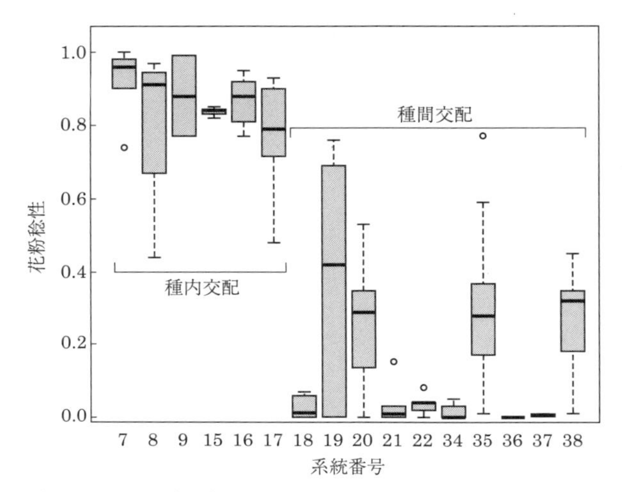

図 4.4　オオチャルメルソウ、トサノチャルメルソウ、タイワンチャルメルソウに分類されてきた植物内での種内および種間交配で生じた系統の花粉稔性

種間（異なる遺伝的グループ間）交配では、花粉稔性が著しく低い系統が生じることがわかる。

でも、花粉稔性が著しく（60〜95%）低下したのだ。ちなみに、オオチャルメルソウでは、同じ遺伝的グループに属する集団が四国と九州に 250 km 以上離れて生育しているが、この間で掛け合わせをしてみたところ、稔性の低下は見られなかった。つまり、ただ遠いところの個体間で掛け合わせた子の稔性が下がるということではなく、核 rDNA の解析で別の遺伝的グループとして認識された株のあいだにのみ生殖隔離があるようなのだ。つまり、これらはやはり不連続な別種である可能性が高いということになる。

4.5　遺伝子データから生殖隔離の大きさを予測する

ここで最初の問いに立ち戻ろう。それは、「チャルメルソウ節の“種”を遺伝子で分類することができるだろうか？」というものであった。もし、遺伝子タイプが異なるグループ間に、雑種の繁殖能力（この場合は花粉稔性）が低下する生殖隔離があるならば、これはそれぞれが別種であるという根拠になる。しかし、あらゆる組合せで掛け合わせをして、雑種の稔性が低下するかを調べられるわけではないので、遺伝子データだけでも別種かどうかを判断できることが望ましい。

ところで、遺伝子データであれば、調べた個体間の類縁の近さ・遠さを遺伝的距離として数値化することも可能である。これは、たとえば2つの植物間で相同な遺伝子配列100塩基対を比較して2塩基対のちがいがあれば、遺伝的距離は2%というように計算できるということだ。そして先ほど述べたとおり、雑種の花粉稔性の低下度合であれば、やはり定量的に示すことができる。そこで、遺伝子データ（遺伝的距離）と、生殖隔離のデータ（雑種の花粉稔性）の両者に、明瞭な相関関係があるかどうかを調べてみることにした。これによって、もし遺伝子データから生殖隔離の程度が予測できることを示せたなら、遺伝子データが生物学的種概念による種の識別に有用だという強い根拠になると思い至ったからだ。ついでに、先の核rDNAだけでなく、DNAバーコーディング技術に一般的に用いられる葉緑体DNAの配列でも、遺伝的距離を算出してみることにした。交雑の影響が強い葉緑体DNAの有用性は、核rDNAに比べると劣ることを客観的に示したかったからである。

その結果が**図4.5**である。まず、葉緑体DNAであろうと核rDNAであろうと、遺伝的距離が大きくなればなるほど雑種の花粉稔性は低くなるという傾向は同じであった。これは、類縁がかなり遠い明らかな別種のあいだであれば、どちらの遺伝子を調べても当然大きくちがうので驚くにはあたらない。重要なのはその精度である。

核rDNAでは、遺伝距離が0の両親の場合その交配株の稔性が

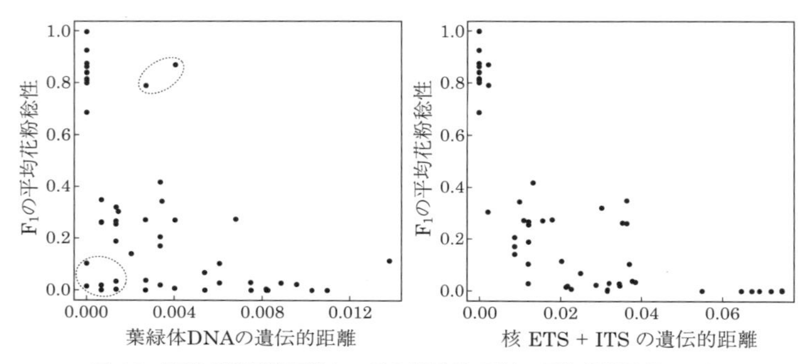

図 4.5　両親の遺伝的距離と、その雑種 F_1 系統の平均花粉稔性の関係
葉緑体 DNA で求めた両親の遺伝的距離（左）は、その雑種の花粉稔性を正確に予測できないことがわかる（点線で囲ったプロット）。

下がることはなく、両親の遺伝距離が 0.005 を超えたあたりから急激に稔性が下がることがわかる。すなわち、0.005 程度の遺伝距離を、別種と判断する１つの基準として使ってもよいことを示している。一方の葉緑体 DNA では、たしかに両親の遺伝距離が 0.005 を超えたあたりからその交配株の稔性は一貫して低くなるのはいいが、そこに至るまでの傾向は一定していない。ひどい例では、遺伝距離が 0 の両親どうしを掛け合わせても、その交配株の稔性がほとんど 0 になるケースすらあった。完全な生殖隔離があり、どう考えても別種とみなすべき植物であっても、葉緑体 DNA では同一と誤って判定してしまうということを意味している。なお、葉緑体 DNA の進化速度は核 rDNA よりもはるかに遅いので、その遺伝距離が 0.005 もあるというのは、相当に類縁が遠いことを示していることにも注意が必要だ。つまり、別種かどうか微妙な近縁種間での種の判別には、ほとんど役に立たないのだ。

より厳密に議論するために、一般化加法モデルを用いて今回の結果を統計的に解析してみたところ、ある株間の生殖隔離（交配株の花粉稔性）の度合は核 rDNA の遺伝距離からおおむね予測可能であり、これに葉緑体 DNA の情報を加えても予測の精度はまったく改善しない、ということが明確になった。以上の研究によって、最初の問いに対する僕の結論は出た。チャルメルソウ節の“種”を遺伝子で分類することは、核 rDNA のデータを使えばおおむね可能であり、一方、葉緑体 DNA のデータはこの目的には有用ではない、ということだ。

このような結論を得て、意気揚々と某学術雑誌に論文を投稿したが、原稿を見た編集委員の返答は「植物の DNA バーコーディングに、葉緑体 DNA を利用するか、核 rDNA を利用するか、という議論はもはや終わった話である（結果がどうであれ、葉緑体 DNA を利用すべきである）」というつれないものであった。そもそも、じつは葉緑体 DNA のデータを足したのは、この前に同じ雑誌に投稿したときに同じ編集委員に「葉緑体 DNA のデータも足すように」といわれたのでそれに従ったまでで、その結果がこの返事であった。

僕個人としては、この編集委員の回答はあまり誠実ではないと思ったし、当時は腹を立てもした。しかし今、冷静になって考えれば、チャルメルソウ類だけが植物というわけではもちろんないし、実際には遺伝子データを使って植物の種を分類するということ自体が一般には困難なことである。この点、ミトコンドリア DNA のシトクロムオキシダーゼサブユニット I 遺伝子（*COXI* とか *COI* とよく略称でよばれる）の配列で驚くほど正確に種同定できる、ほとんどの動物とは状況がずいぶん異なる。

参考までに、最近僕が解析した昆虫の *COI* のデータ[54)]と、今回のチャルメルソウ節のデータで、遺伝距離と種分類の関係がどうなっているかを**図 4.6** の分布図に示す。昆虫 *COI* のデータでは、同種内個体間の遺伝的距離はつねに 0.03 以内であり、一方、別種間での遺伝的距離はつねに 0.04 以上になり、そのあいだが不連続なので、一律で遺伝的距離 0.04 以上なら別種といえてしまう。一方、

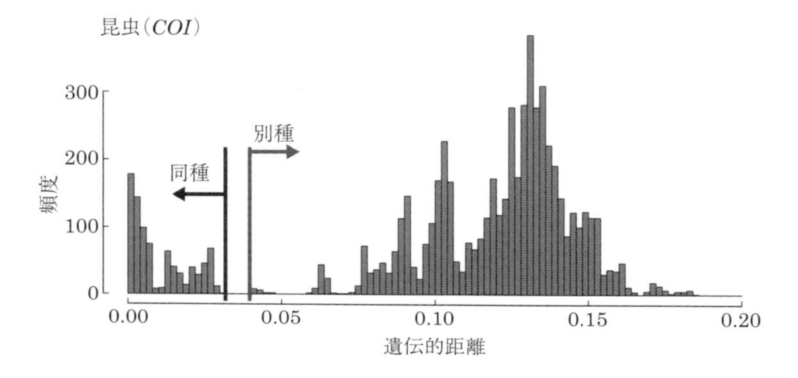

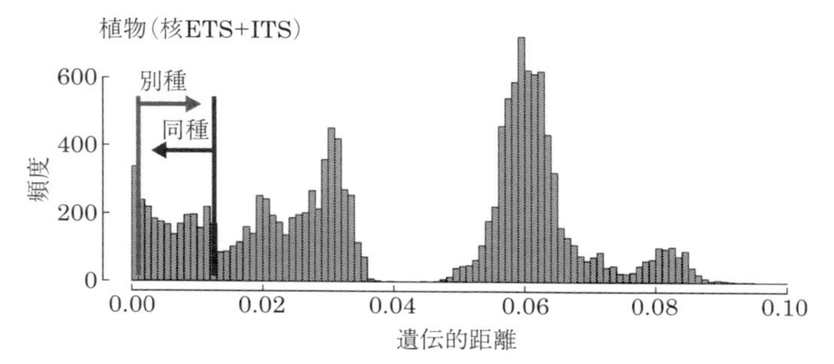

図 4.6　近縁なキノコバエ科昆虫 29 種 116 個体間のミトコンドリア *COI* 領域の遺伝的距離の分布[54]（上）と、チャルメルソウ類 171 個体（チャルメルソウ節 14 種 162 個体と外群 9 種を含む）間の核 ETS + ITS 領域の遺伝的距離の分布（下）

チャルメルソウ節のデータでは、より精度の高い核 rDNA を用いてさえ遺伝的距離 0.01 程度でも同種であったり、反対に 0.004 程度でも別種であったりするので、一律に判定するのはやはりむずかしいということになるのである。

そのうえ、現実には葉緑体 DNA が使える植物群もあるし、核 rDNA が使えない（あるいは使いにくい）植物群もたくさんあるのはたしかである。葉緑体 DNA は核 rDNA に比べて解析しやすいというメリットがあり、また、どちらにしてもうまくいかない場合が多いとすれば、現実的（そして政治的）判断として葉緑体でとりあえずいきましょうとなるのもやむをえないのかもしれない。そのような妥協の産物に一石を投じようというのは、土台、無謀なことであったのだ。

ただし現在では、超並列DNAシーケンサーを用いて、多くの遺伝子を同時に解析するような技術も利用可能になってきている。植物の遺伝子レベルでの種同定を実現するには、今後は葉緑体DNAの利用にこだわることなく、ゲノムをより総合的に解析する新たな技術の開発こそが必要だと個人的には考えている。ともあれ、そういう経緯があってこの研究も発表に苦労したが、博士号取得の翌年になんとか論文として出版することができたのだった[30)]。

4.6 真の新種アマミチャルメルソウ

ところで、本章の本筋からは離れるが、それまでまったく知られていなかった新種がチャルメルソウ節で見つかるという幸運な経験をしたので、ここで少し紹介したい。チャルメルソウ属は、第3章でも紹介したとおり北米と東アジアに分布するが、そのじつ、大部分の種はアメリカ合衆国と日本に分布する。いずれも植物の調査が進んでいる地域であるから、1959年に東京科学博物館（現在の国立科学博物館）の大井次三郎博士により発表されたミカワチャルメルソウを最後に、チャルメルソウ属の新種記載はなされていなかった。だから、本章で紹介したオオチャルメルソウのようにすでに名前がついているもののなかに2種含まれているといったことは例外として、今後、新種が見つかるようなことは起こりえないだろうと思っていた。ところが、忘れもしない東日本大震災直後の2011年3月、奄美大島でチャルメルソウの仲間が採集されたというニュースが飛び込んできたのだ。ちなみに、そのときまでチャルメルソウ属の国内での南限は屋久島で、それより南では台湾の高地に固有種タイワンチャルメルソウが知られるのみであった。

僕自身も奄美大島にはなんども行ったことがあったし、屋久島でも台湾でもチャルメルソウ属が生育しているのは標高 700 m 以上（台湾では 1,000 m 以上）の山地に限られていたので、標高 700 m を超える山がない奄美大島での発見はとても信じられない話であった。ひょっとしたら島外から持ち込まれたものだとか、そういう勘ちがいかもしれない。しかしほどなくして、その植物が送られてきて、ようやくその発見がまちがいないものだと確信できた。その植物は一見して、これまで知られているどのチャルメルソウの仲間ともまったく異なる、見たことのないものだったからだ（**図 4.7**）。

発見者は地元奄美大島の生物研究家、森田秀一さんであった。そして、その植物が屋久島の固有種ヒメチャルメルソウに近いものであると見抜き、僕の研究室に送ってくれたのは同じく地元の植物学者、田畑満大さんであった。これまで研究してきたチャルメルソウの仲間だけに、自分でこの植物を発見ができなかったのは少し悔しい気持ちもあったが、詳しい発見状況を聞いて納得した。なるほど、

図 4.7　アマミチャルメルソウ

発見されたのは自分でたどり着く可能性はほとんどないような場所であった。なんでも、森田さんは侵略的外来動物マングースの生息調査で、ふつうの調査では入らないような奥地に入って偶然、この植物を見つけたということであった。植物採集が主目的ではなかったにもかかわらず、こんなにちっぽけな植物が何か重要なものであると見いだした森田さんの眼力には感服するほかない。僕のような研究者が地域の植物の価値を見いだすことができるのは、その地域に根ざして植物を見つめてきた人がいてこそなのである。

さて、おそらく現役ではチャルメルソウ属唯一の専門家として、このすばらしい発見を学術的に正しい形で世に出す責務がある。そこで、この植物の詳細な形態的特徴を吟味して、また類縁を調べるために遺伝子解析も行ない、ようやく2016年に新種アマミチャルメルソウとして記載することができた[31)]。田畑さんの見立ては正しく、やはりこの植物はヒメチャルメルソウに近縁なものであった。核rDNAで調べると、ヒメチャルメルソウとの遺伝的距離は0.004程度。すなわち、別種とするか同種とするか、やや判断に迷う程度の分化度合であった。ただ、遺伝的にも形態的にも明確に区別できること、また、分布はヒメチャルメルソウと遠く隔てられているので今後再び混ざってしまう可能性が低いことを鑑み、別種と判断することにした。このあたりの種分類には、やはり研究者の主観がどうしても残るのは否めない。

自分の長年研究してきたチャルメルソウ属でこのような発見がなされたことは、二度と経験できないであろう幸運というほかない。種子植物の、しかも国内での新種発見というのは、どんなに賢く研究計画を立てたとしても得られるべくもない、予期できないとんでもない成果だ。

それにしても、なぜこんな場所にアマミチャルメルソウは生きていたのだろうか。チャルメルソウ属は種子であっても乾燥にとても弱いので、海を隔てて分散できたとはとうてい考えられない。2011年についに発見されるまで、屋久島と奄美大島が海で隔てられてから数百万年奄美大島でひっそりと、そして奇跡的に滅びることなく生きつづけていたのが本種なのだ。発見された時点から変わらず、アマミチャルメルソウの生育している場所はとてもせまく、個体数もきわめて少ない。この植物の現状はつねに危うく、予断を許さないということだ。このような植物を育んできた奄美大島の自然の懐の深さを思うたび、感動で胸が熱くなる。ただひたすら、その美しく豊かな自然の末永い存続を願うばかりである。

4.7　チャルメルソウ節には何種あるのか

こうしてチャルメルソウ節のなかの（生物学的種概念に則った）種の多様性の全容が見えた。オオチャルメルソウ、トサノチャルメルソウのなかに見つかった異なる遺伝的グループは本書執筆の時点でまだ正式な学名を与えることはできていないが、それぞれヤマトチャルメルソウ、クマチャルメルソウと名づけることにした。本章で知りたかったことは、日本で多様化を遂げたと考えられるチャルメルソウ節で種とよんでいるものは妥当なのか、そしてけっきょくのところ、いくつの種があるのか、という問題だった。ここまで読み進めていただければおわかりいただけたと思うが、この問いに答えることはとてもむずかしい。しかし、チャルメルソウ節では、互いの生殖隔離の程度も把握したうえで、それが可能になったのだ。だからあえて言おう、14種であると[*4]。

このように明言できるというのは大きな進歩で、ほかにこのようなことがわかっている植物の仲間はほとんどないだろう。そして、チャルメルソウ節が狭い日本列島（と台湾）だけで、14の種（すなわち進化的に独立した系統）に多様化した植物群であることがはっきりしたことも大きい。日本列島でこれに匹敵する規模の種分化を遂げた植物のグループは、たしかにほとんどないといえる[*5]からだ。これが研究材料としてのチャルメルソウ節の大きなアドバンテージであり、ようやく種分化の秘密に迫る研究を進める下地が整ったのだ。

[*4] チャルメルソウ、コチャルメルソウ、コシノチャルメルソウ、モミジチャルメルソウ、シコクチャルメルソウ、タキミチャルメルソウ、ツクシチャルメルソウ、ヒメチャルメルソウ、アマミチャルメルソウ、オオチャルメルソウ、ヤマトチャルメルソウ、トサノチャルメルソウ、クマチャルメルソウ、タイワンチャルメルソウの14種で、チャルメルソウとコチャルメルソウを除いていずれもいわゆる“good species”であると考えている。

[*5] カンアオイ属、テンナンショウ属、アザミ属、スゲ属などにこれを超えるものがあると考えられるが、実際にこれらのグループが何種を含んでいるのか、それらのうち日本列島で種分化したものがどれくらいを占めるのかについては、研究が進んでいないため不明である。

第5章 大きな転機、「岩手留学」と植物免疫研究

5.1　遺伝学への憧れと２つの論文

2007年の秋、僕は途方にくれていた。博士課程最終年で、博士号取得後の行き先を考えなければいけないタイミングであったのだが、頼みの綱で応募していた日本学術振興会特別研究員（学振PD）に不採用だったのだ。慌ててほかにも１つ２つ公募書類を出してはみたものの、これも不採用。

そんな折り、加藤先生から、岩手生物工学研究センターの寺内良平さんが来年度のポスドク研究員を探しているという話を聞いた。岩手生物工学研究センターは、有用作物を対象に農学的な研究を行なっている研究所である。一方の僕がこれまで研究していたのは、チャルメルソウ類の進化生物学。有用作物とはほど遠く、植物という接点くらいしかないように思えた。そんな場所で、プロの研究者として働くなどということがはたして可能なのだろうか。

寺内良平さんのことは、加藤先生がセミナーに一度招聘しており、直接話をする機会があったので、その研究内容を含めて知っていた。寺内さんは、イネとイネの病原体であるイネいもち病（以下、いもち病）との相互作用の研究で画期的な成果を上げており、そのツールとして、当時まだ進化生物学の分野ではほとんど利用されていなかったいわゆる次世代シーケンサー（現在では第二世代シーケンサーや超並列シーケンサーなどとよぶことが多い）を積極的に取り入れていることが印象的であった。そして僕自身、第４章などでも述

べたとおり、遺伝学に強い関心があった。生物進化の研究を突き詰めれば、自然選択の標的となり表現型を生み出す原因となる遺伝子を解析する必要があると感じていたからだ。遺伝学を学び、研究に取り入れなければ、チャルメルソウ類の種分化の謎にこれ以上迫ることは難しいのではないか。ちょうど博士課程時代、2つの画期的な研究論文に出合っていたのも、この思いを強くするきっかけとなっていた。

1つは、パメラ・コロシモ（Pamela F. Colosimo）博士らによるイトヨという魚の適応進化に関する有名な論文である[32)]。冷水を好み、トゲチョなどともよばれるこの美しい魚は、最終氷期以降に出現した数多の北半球の淡水域に独立に侵入し、それぞれの場所で陸封化した（日本ではおもに北日本の湧水域で見られる）。それぞれの淡水域は切り離されているので、陸封化した個体群は、実質すべて別種であると考えることができる。つまり、降海型の祖先集団からおびただしい数の陸封型という新たな種が進化しており、しかもそれが起きた時期はすべて1万年から2万年前とわかっているという、種分化を研究するのに信じられないくらいの好条件がそろった系なのだ。さらに、この陸封型イトヨのおもしろい性質として、降海型のイトヨで発達する体側の鱗板が縮小し、ときにほとんど失われるということが知られている（**図 5.1**）。これは、独立に生じたはずのすべての陸封型イトヨに共通しているという。つまり、体側鱗板の縮小という形質の平行進化がなんども繰り返し起きたということを意味している。しかし、いったいどういうしくみでこのようなことが起きたのだろうか。あらゆる淡水域で陸封化した際に独自に突然変異が生じ、適応進化が起きたとでもいうのだろうか。

コロシモ博士らはこの疑問に答えるために、この体側鱗板の減少の原因遺伝子をポジショナルクローニングというオーソドックスな遺伝学の手法を用いることで突き止めた。その結果、*eda* という原

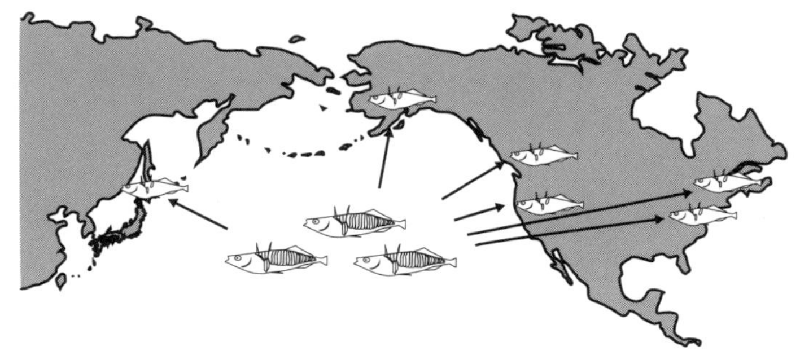

図 5.1　陸封型イトヨの多回起源

降海型のイトヨから北半球の各地で最終氷期以降陸封型イトヨが進化し、同時に体側鱗板を退化させた。[Colosimo *et al.* 2005 より改変]

因遺伝子に行き着いたのだが、驚いたことに、調べたほとんどの陸封型の集団が同様の *eda* の遺伝子配列を共有していることを発見したのだ。これはどういうことか。ちなみに、それぞれの陸封型の集団は、*eda* 以外の（自然選択から中立と考えられる）遺伝子多型については共有していないことも彼らは確かめている。したがって、じつは陸封型が単一起源だったとか、異なる淡水域の陸封型どうしがじつは頻繁に遺伝的交流を起こしているとかといった、この系を研究する前提を覆すようなことではない。そうではなくて、体側鱗を減少または消失させる *eda* の遺伝子型が、降海型の集団では表現型にめったに現われないレベルの低頻度で存在しており、これが陸封化という進化・種分化の際に何らかの淘汰圧によって選択され、繰り返し体側鱗板の減少という進化に寄与したということなのだ。この研究は、ある適応進化現象の原因となった遺伝的変異そのものを突き止めることで、見かけとはまったくちがった進化の真実（繰り返し生じたように見える形質でも、実際には原因となった突然変異の起源は単一であること）にたどり着くのだということを僕に強く思い知らせたのだった。

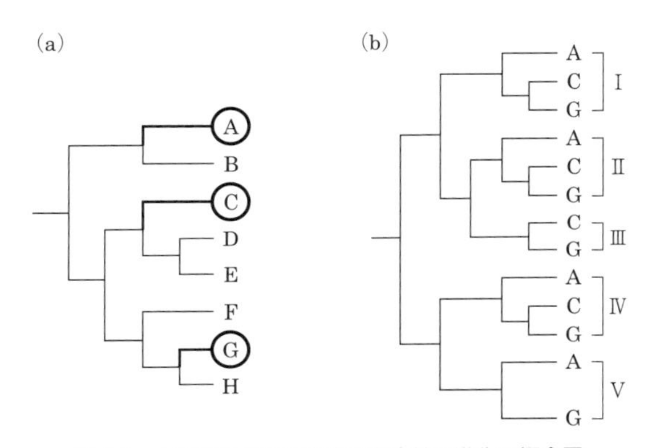

図 5.2 ナス科における自家不和合性の進化の概念図

(a) 系統全体に自家不和合性の種（A, C, G）と自家和合性の種（B, D, E, F, H）が広く分布しているとする。しかし、この情報だけから全種の祖先状態を推定すると、自家和合性が祖先的であり、自家不和合性が3回独立に起源したと推定されてしまう。(b) 実際には、系統的に離れた自家不和合性の種（A, C, G）がいずれも同じS-RNaseの遺伝子型（I〜V）を共有していた。これは、それぞれの遺伝子型がA, C, Gの3種が分岐する以前に起源していることを意味している。[Igic *et al.* 2006 より改変]

もう1つの重要な研究は、ボリス・イジック（Boris Igic）博士らが発表したナス科の自家不和合性の獲得と喪失に関する論文であった[33]。ナス科では、39%程度の種が自家不和合性、すなわち雌しべが自分の花粉をブロックすることで自家受精を妨げるしくみをもっているという。この自家不和合性／自家和合性はナス科のさまざまな系統にバラバラに分布しているため、僕が第3章でやったような祖先形質の復元を行なうと、自家不和合性から自家和合性に、逆に自家和合性から自家不和合性にといった進化がどちらも同じくらい起こりやすい、という推定が得られてしまう（**図 5.2**a）。しかし、これは正しいのだろうか。というのは、自家不和合性というのは、一般にとても複雑な分子メカニズムで起きる現象で、これがなんども進化するということはとうてい起こりえないからだ。つまり、複数回自家不和合性を獲得した（自家和合性から自家不和合性へ進化した）という推定は誤りではないか、と考えられる。

そこでイジック博士は、自家不和合性に直接関与する遺伝子を解析して、この誤りを立証したのだ。ナス科の自家不和合性は、雌しべ側ではたらくS-RNaseというタンパク質が、柱頭に着いた花粉の花粉管にいわば毒としてはたらいて不活性化させることで機能する。一方、花粉管側がS-RNaseを分解し、これを「解毒」すると受精に成功する。しかし、花粉管側の因子は自身の遺伝子型と同一の遺伝子型のS-RNaseを認識できないため、異なる個体に由来する花粉のみが受精可能となるというしくみである（詳しくは本シリーズ、土松隆志著『植物はなぜ自家受精をするのか』の第5章を参考にしていただきたい）。したがって、S-RNaseの遺伝子型には著しい多型が存在する。これは、まれな遺伝子型の花粉であればあるほど、柱頭の遺伝子型と一致せず、受精できる可能性が高まるため、多型を維持する自然選択（負の頻度依存選択）がはたらくためである。イジック博士らは、ナス科6属8種について、このS-RNaseの多型を解析した。結果、たとえばクコ属にあるS-RNaseの遺伝子型（仮にⅠ型、Ⅱ型、Ⅲ型、…とする）の多くが、クコ属とは類縁の遠いタバコ属でもやはり同じように存在するということを彼らは示したのだ（図5.2b）。

これは何を意味するかというと、これらの種が保有する遺伝子型の起源は、その共通祖先から分かれるよりも前（つまりナス科の起源）にさかのぼるということだ。この遺伝子型は自家不和合性のメカニズムそのものなので、これはとりもなおさず、現在ナス科で見られる自家不和合性が単一の起源であることを意味する。すなわち、イジック博士の予測どおり、自家和合性から自家不和合性への進化は少なくともナス科のなかでは起こっておらず、現在ナス科で見られる自家和合性の種は、すべて自家不和合性を失う進化によって生じたことを意味している。この研究は、系統樹と現生種の形質だけから行なった祖先形質復元では、ときに大きく誤った結論を導きうるという厳しい事実を僕に突きつけたのだった。

はたしてどこまでやれるかはわからないし、いつ再び植物の種分化に迫る研究に戻れるのかもわからない。でも、まずは食べていかなければいけないし、このまま同じような研究スタイルにとどまっていても先はない。とりあえず挑戦してみよう、と僕は岩手生物工学研究センターで博士号取得後の第一歩を踏み出すことを決意したのだった。

5.2 岩手留学

博士課程最後の冬、加藤先生は研究室の恒例行事である芦生合宿に再び寺内さんを呼んでくれて、今後について相談することができた。やや驚いたことに、イネの研究をしているはずの寺内さんは、チャルメルソウという農学研究者からみたらまったく価値不明なはずの植物の研究を評価してくれていた。寺内さん自身、本当はヤマイモの研究こそが出発点であり、それでは食べていけないということでイネの研究に転向した人であった。寺内さん曰(いわ)く、これからは超並列シーケンサーが普及し、ゲノム配列がモデル生物だけの専売特許ではなくなる時代になるので、最もおもしろい研究は非モデル植物から生まれるはずだということであった。曰く、「これからはおもしろい材料をどれだけもち、どれだけおもしろい現象を知っているかが強力なアドバンテージになる」。寺内さんの展望に、僕はとても勇気づけられたのだった。

とはいえ住み慣れた関西から初めて出て、はるか東北の地で、しかもまったくちがう分野の研究を始めるというのは、かなりの大事であった。生来、楽観的な僕だが、家財道具が届く前の広い新居で生活を始めたときの、拠り所がない不安感は今も忘れられない。研究室で交わされる専門用語も、これまで聞いたことのないものが多く、初めはついていくだけで精一杯であった。おまけに研究室のメンバーの半分くらいは海外出身者だったので、セミナーや進捗発表のミーティングはすべて英語で行なわれていた。寺内研はテクニシャンも含めれば15人以上もいる大きなラボ組織である。しかも、そのほとんどは給料をもらっているプロなのだ。これまでの、学生がほとんどで、しかも基本的に個人が別々のテーマで研究している少人数の加藤研とはまったく別の世界であった。

研究室は国内（岩手県北上市）にあったが、ここでの研究生活は実質の「岩手留学」であったと今でも思っている。僕とほぼ同時に研究室に来たエチオピア人のポスドク、ムルネー・タミル・オリさん（通称ムル）ととても仲良くなった。家族持ちが多い研究室メンバーにあって、彼と僕は独身であったことも1つの理由だったが、彼もそれまでヤマイモの民俗植物学的研究をしており、本格的な遺伝学の研究は未経験だったので、お互いに手探りで新しい分野に挑戦する似た者どうしだったのだ。

さあ、これから何年も岩手での研究者生活がつづくかもしれない。岩手生物工学研究センターでは、プロジェクトで雇われている以上、そのあいだはチャルメルソウの研究も基本的に封印しなくてはならない（しかし、寺内さんの好意で研究所の使われていない圃場の一角に僕のチャルメルソウ栽培株コレクションを置かせてもらっていた）。実際、採用の面接に際しても、「あなたの専門が岩手県の農業にどのように役立つのか」と職員から質問された。これは、自分の興味の赴くままに研究をつづけていればよかったそれまでの僕にはとても重い質問だった。

5.3　イネいもち病抵抗性の研究に入門する

寺内さんは、聞きしに勝る「切れ者」研究者で、その点はまさに僕が憧れた遺伝学者のイメージそのものであったが、それだけでなく、この岩手の地から世界をリードする研究を発信するという気迫に満ち溢れた人でもあった。彼のラボの運営スタイルはなかなかに厳しいものだった。口癖のように「論文を出さなければ研究者に存在価値はない」と言っていたし、さらには「ポスドクに土日があると思うな」と冗談めかして言いさえもしていたが、これを言っているときの目は笑っていなかった。一方で、僕やムルが慣れない雪国での一人暮らしを始めたことを気にかけてくれ、生活まわりでもいろいろと世話を焼いてくれた。また、たいていこの3人で出かけたランチでは、現在の研究についての話はもちろん、最新の研究技術事情から国内外の政治の話題に至るまで、さまざまなことをディスカッションする機会に恵まれた（これがすべて英語であったのも「留学」らしかった）。寺内さんは、生物学全体を俯瞰して何が重要な問題かという明確なビジョンをもっていた。また、どうすればその問題を効率的に解決できるかというアイデアをつねに求め、実行に移そうとしていた。それまで個人プレーが主体の分野に身を置いていた僕にとって、なるほどこれが大きなラボを運営するということなのかと納得することしきりであった。

研究室のメンバーは、まったく素人同然でやってきた僕にもとても親切で、右も左もわからない新米にラボの器具の使い方からさまざまな専門知識まで、ていねいに教えてくれた。とはいえ、プロの研究者として給料をもらって研究を始めたからには、きちんとその責任を果たさなければならない。つまり、研究成果を上げるのだ。

当時、寺内研の主要な研究課題は、イネといもち病の相互作用の分子機構を解明することであった。いもち病は、世界の稲作における最大のリスクであり、1993年の大冷害の際（平成の米騒動で記憶している方も多いだろう）には実際に岩手県を含めた東北地方で大きな被害を出している。このように、農学的にかなり重要なテーマなのだが、生きたイネの細胞に感染する真菌であるいもち病菌と感染されるイネの相互作用は、生物学的にもたいへん興味深い。いもち病菌の胞子は、イネの組織上で発芽するとイネの表皮細胞に侵入菌糸を伸ばす。その際、イネ側の細胞に認識されると、イネ側は侵入された細胞を細胞死させるため、いもち病菌は感染に失敗する。この細胞死を伴う植物の免疫機構を過敏感反応とよぶ。いもち病菌側は、イネの細胞に侵入すると、同時にさまざまな分泌タンパク質（ペプチド）を出すことが知られており、このうちの一部がイネの細胞内の免疫系に認識されると、この過敏感反応が起きるようである。この、イネに認識されることで過敏感反応をひき起こすいもち病菌側の因子を「非病原性因子（AVR）」とよぶ。僕も最初に聞いたときは少し頭が混乱したのだが、いもち病がそれをもっていることで感染に失敗するので、そのような名でよばれるのだ。ただし、感染に失敗するのは、イネ側がいもち病菌のAVRに対応する抵抗性因子（*R* 遺伝子）をもっている場合に限られる。また、いもち病側のAVRにも、イネ側の *R* 遺伝子にもさまざまなタイプがあり、それぞれが対応する組合せの場合だけ過敏感反応が起き、抵抗性が発現するのである。

ちょうど、僕より１年前に日本学術振興会特別研究員（PD）として寺内研で研究を始めていた吉田健太郎さんが、このテーマに関連して大きな成果を上げていた。これまで、いもち病菌がもつAVRのうち、その分子の実態が解明されていたのはわずかであったのだが、一気に３つのAVRの特定に成功したのだ。研究の詳細については書かないが、複数のAVRをもつことがわかっているいもち病菌の菌株Ina168の全ゲノム配列を寺内研で新たに解読し、それまでにゲノム配列が報告されていた別の菌株70-15のデータと比較することで、菌株Ina168のほうにだけある分泌タンパク質の遺伝子を特定・解析したのが、この成果につながった。この研究で特定されたのは、AVR-Pia、AVR-Pii、AVR-Pik/km/kpという3つの非病原性因子であった。しかし、これに対応するイネ側の抵抗性因子、*Pia*、*Pii*、*Pik/km/kp*の遺伝子の実態はその時点では不明であった。

自分が取り組むべきテーマをいろいろと悩んでいた僕に、ある日、寺内さんから提案というか司令があった。「*Pia*を取ってみないか」。なぜ、*Pii*でも*Pik/km/kp*でもなく*Pia*だったのかはいまひとつ思い出せないのだが、たぶんこれらは他のラボメンバーに分担させるということで、たまたま僕の割り当てが*Pia*だったのだろう。ある表現型を生み出す遺伝子を特定することを俗に「遺伝子を取る」というが、これは進化を遺伝子レベルで研究する際にも避けて通れない、最も基本的かつ重要な仕事である。例のイトヨの研究で*eda*という遺伝子を「取った」ことが、あのすばらしい発見につながっていることからもこのことはおわかりいただけるであろう。そこで、二つ返事でこのテーマに取り組むことにした。

5.4 *Pia* 突然変異体を探せ

それにしても、イネの研究を始めて驚いたことは、さすがはモデル植物かつ最重要穀物！　とんでもなくいろいろなことがすでに誰かによって調べられているということであった。たとえば、遺伝子型*Pia*というのは、「*AVR-Pia*をもついもち病菌の菌株に抵抗性である」という表現型で定義される。すなわち、そのようないもち病菌を感染させて初めて確認できる表現型なのだが（しかも1つのいもち病の菌株はふつう複数の非病原性因子AVRをもっているので、いくつもの感染実験を組み合わせないと確認できない)、およそほとんどの登録されている品種では、こんな面倒な表現型がきちんと記録されているのである。たとえば有名な品種だと、ササニシキやあきたこまちが*Pia*をもっていることがわかっていた。

さて、それまでは寺内研での研究テーマに悩んでいた僕だったが、与えられた遺伝子を取るというテーマは目標が明快であった。そして、もちろん寺内さんはまったく勝算なしにこのテーマを提案したわけではなかった。そのころ寺内研では、ひとめぼれとササニシキに、メタンスルホン酸エチル（ethyl methanesulfonate；EMS）という試薬で処理をして作製した多数の突然変異系統を保有していた。EMSはDNAに作用する薬品で、主として一塩基置換による点突然変異をひき起こす。従来、突然変異体の解析では、T-DNA挿入系統やガンマ線処理による大規模塩基欠失系統の利用が主流であった。というのは、これらの突然変異は従来の技術でも比較的特定が容易だったからである。しかし、超並列シーケンサーが広く使われるようになり、従来は解析の労力が大きかった一塩基置換を見つけだすことが劇的に容易になっていた。EMS処理系統は、このことを見越した寺内さん自慢の研究素材であった。

突然変異処理をされたササニシキは約2,100系統あり、それぞれの系統には平均して300〜600個くらいの突然変異が入っているようであった。イネのゲノム全塩基配列中に占める遺伝子のエクソン領域[*1]の割合は8%程度と考えると、1つの系統あたりで24〜48遺伝子のエクソン領域に突然変異が入っている計算になる。イネの遺伝子数は32,000個と推定されているので、ざっくり計算すれば（=24〜48 × 2100/32000）、任意の遺伝子に突然変異が入っている系

*1　遺伝子中でmRNAに転写される部分。

統は平均 2 つくらいはあるということになる。だから、このなかに *Pia* の突然変異体が含まれている可能性もきわめて高いのだ。

さて、そのお目当ての *Pia* の突然変異体を探し当てなければならない。これが、もしも葉の形態形成にかかわる遺伝子の突然変異体を探すということであれば、ただ突然変異体を栽培して葉の形がおかしくなったものを探せばよいのかもしれない。だが、今回探しているのは、特定の条件下でだけ、野生型（突然変異処理をしていない元の系統を指す。この場合はササニシキ）と比べて異常な振る舞いをするものだ。このような、ときに特別な条件を与えることで突然変異体を“あぶり出す”作業を「スクリーニング」といい、これをどうやるかには研究者の知恵と独創性が要求される。しかし、ここで僕が考えたりアイデアを出したりする必要はなかった。僕はいもち病研究の素人だが、岩手生物工学研究センターに隣接していた連携先の岩手県農業研究センターにはその道のプロが何人もいたからである。

チームで考案されたスクリーニング法はこうだ。栽培用ビニールハウスを用意し、その中央の列にササニシキの突然変異体 2,100 系統を植える。そして、その両脇に、蒙古稲（もうことう）とよばれる、あらゆるい

図 5.3 *AVR-Pia* をもつイネいもち病に抵抗性を示したイネの褐点性病斑
感染はこれ以上広がらない。

図 5.4　イネいもち病に罹病性となったイネの病斑
このままにしておくと感染は拡大し、イネは枯死する。

もち病菌に弱いイネ品種をたくさん植える。この蒙古稲に、*AVR-Pia* をもつイネいもち病菌 Ina72 を接種すると、みるみるうちにいもち病が蔓延し、蒙古稲はすべて黄色く枯れる。一方のササニシキは *Pia* をもつために、ビニールハウスに広がったいもち病菌には感染せず、葉に過敏感反応が起きたことを示す褐点性病斑を出すだけでとどまるはずである（**図 5.3**）。したがって、ササニシキに由来するはずの突然変異系統のなかで、いもち病が感染して葉に広がっていくもの（**図 5.4**）が見つかったならば、これこそが探している *Pia* の突然変異体である可能性があるのだ。しかし、ここで注意が必要だ。そのまま放置すると、小さい苗であるこの突然変異株はすぐに枯死してしまう。見つけだした突然変異株は、その後の研究に必要な“お宝”なので、証拠を押さえたらすぐさま、いもち病を殺菌して救出しなければならないのだ。

こうして、いもち病菌接種試験を行なった結果、4つの感染株が本当に見つかった！　しかし、このうちのひとつは、DNA 配列を調べて確認してみたら、ササニシキ由来ではない株であるようだった。大量の種子を扱う研究なので、ときどきこのような混入は仕方ない。しかし、残りの3株については、たしかにササニシキに由来する突然変異系統であった。このなかに本当に、*Pia* の突然変異体が含まれているのだろうか。

5.5　*Pia* はどこにある？

さて、こうして *Pia* に突然変異が入っている“かもしれない”突然変異株を3つも見いだしたわけだが、肝心の *Pia* がどの遺伝子なのかがわからなければ、これが本当に *Pia* に突然変異が入った系統なのかもけっきょくは判断できない。もしかすると、まったく別の理由で[*2]いもち病菌に感受性になっているだけかもしれない。さて、どうやって *Pia* を見つければいいだろうか。

オーソドックスな方法は、ポジショナルクローニングである。つまり、今回見つかったいもち病菌の *AVR-Pia* 感受性の形質と連鎖している遺伝子マーカーを探し出し、目的遺伝子の存在するゲノム領域を特定するというものである。しかし、僕が研究しているのは、超有用植物のイネなのだ。自分と若林先生以外にはほとんど何も特別なことが調べられていないチャルメルソウとはちがう。

じつは、イネやいもち病について勉強していくにつれ、*Pia* という遺伝子名（おそらく *Pyricularia*-immunity-a に由来する。*Pyricularia* はいもち病菌の属名）がついているだけあって、やはり先人はこの遺伝子の染色体上の位置について、かなりのところまで調べをつけていたらしいことに気づいた。“らしい”というのは、あまりにたくさんの先人がイネの研究にかかわっているために、実際に誰がいつこのことを突き止めたのかがいまひとつはっきりしないからだ。ただ、膨大な突然変異形質などの知識をまとめた遺伝子連鎖地図がデータベース上で公開されていた（この原稿を執筆している現在、

[*2] たとえば、非特異的な免疫応答に異常がある変異体である可能性が考えられる。

GRAMENEというイネ科遺伝学データベースでHokkaido Morphological 2000というデータセットとして公開されている）。そこには、11番染色体上に*Pia*と*Adh-1*という遺伝子名がたしかに隣り合わせで記されてあったのだ。残念ながら、ここからは2つの遺伝子が連鎖の関係にある直接の根拠となる研究が何だったのかはけっきょくわからなかったが、この情報自体は信頼のおけるものだと判断した。*Adh-1*の正体はごく基本的かつ有名なアルコール脱水素酵素をコードする遺伝子なのは明らかであった。そこで、11番染色体上にあるこの*Adh-1*の近傍に焦点を絞ることにした。

もう1つのヒントは、*Pia*の機能から予測されるタンパク質の構造であった。植物の免疫系をつかさどる*R*遺伝子がコードするタンパク質は、ほとんどの場合、NBS-LRR（nucleotide-binding site-leucine rich repeat）という共通の構造をとることが知られていた。そこで、*Adh-1*の近傍にあるNBS-LRRの構造をもつ遺伝子（*NBS-LRR*遺伝子）に絞って調べることにしたのだった。*NBS-LRR*遺

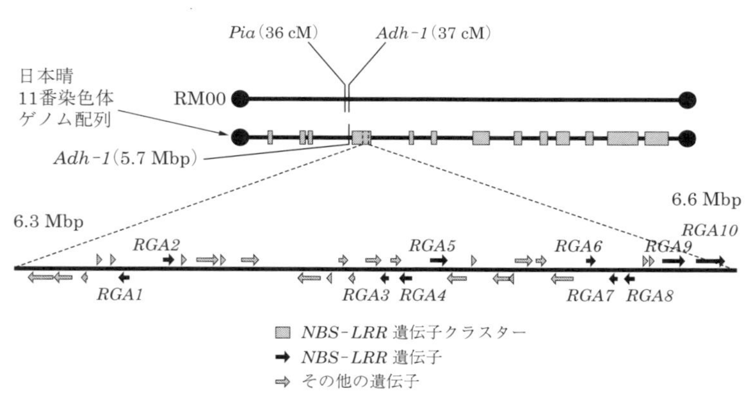

図5.5　ジャポニカ米（日本晴）11番染色体上の*NBS-LRR*遺伝子の分布と、*Adh-1*、*Pia*の連鎖地図上の位置

*Adh-1*と*Pia*の実際の物理的な位置関係は、この連鎖地図RM00とは逆であった。[Okuyama *et al.* 2010より改変]

伝子はイネゲノム中に500個以上あり、その多くは遺伝子クラスターとしてゲノムの特定領域に集中していることが知られている[34]。そして実際に、イネゲノム配列のデータベースを見てみると、*Adh-1* の近傍にこのNBS-LRR構造をもつ遺伝子が集中する領域があることがわかったのだ（**図5.5**）。*Pia* はここにあるにちがいない。よく考えてみると、ここまでの推論に確固たるものは何もないのだが、自分の勘を信じることにしたのだった（僕は、自分がかなり勘のよいほうだと今でも信じている）。

さて、*Pia* がある“かもしれない”ゲノム領域の見当がついたので、そのなかでもとくに *NBS-LRR* 遺伝子が集中している11番染色体の6.3〜6.6 Mb領域を手始めに調べることにした。ここには日本晴ゲノムで10の *NBS-LRR* 遺伝子があり、これを端から順に *RGA1* から *RGA10* と仮に名づけた。このなかに *Pia* はあるのだろうか。

5.6　関連解析で *Pia* の候補を絞る

栽培イネには2つの大きく異なる系統があるのをご存知だろうか。それは、ジャポニカ米とインディカ米である。ジャポニカ米は、多くの場合、粘りがあり、米粒の長さが短いのが特徴で、短粒種とよんだりもする。一方のインディカ米は、ジャポニカ米より粘りが少なく、米粒が長い。長粒種ともよばれる。この2つのタイプのイネは大きく系統が異なり、おそらく栽培化の起源も異なると考えられていて、それぞれを別亜種とすることも多い。もちろん、ジャポニカ米に、ササニシキ、ひとめぼれ、コシヒカリといった品種があるように、インディカ米のなかにも多くの品種がある。ジャポニカ米の品種によって *Pia* があったりなかったりすることはよくわかっていたのだが、いろいろと調べてみると、どうやらインディカ米に

も *Pia* があるものとないものがあるようであった。

これは、よく考えるととても不思議なことである。ふつう、亜種に分けるくらい系統の異なる植物のあいだでは、多くの遺伝子はそれぞれの系統ごとに分化しているはずで、相互で多型を共有していることはあまりないはずだからだ。この理由についてはあとで考えることにして、この *Pia* の特異な性質を遺伝子の絞り込みに利用できるのではないかと思いついた。大多数の（ふつうの）遺伝子ではジャポニカ米どうし、インディカ米どうしで配列が似ているはずなのに対し、*Pia* の遺伝子そのものであれば、ジャポニカ米、インディカ米にかかわらず、*Pia* をもつ品種どうしの配列が似ているはずだと考えたのだ。ちょうど手元には、研究用の交配親として使っていたカサラスと、104 とよんでいた（のちに Peh-kuh-tsao-tu という品種名とわかった）インディカ米の品種があり、カサラスは *Pia* をもたず、104 は *Pia* をもつことがわかっていた。そこで、先ほど当たりをつけた *RGA1* から *RGA10*、そして *RGA1* よりもさらに上流側にある遺伝子 *RGAC* までの各遺伝子（*RGA6* は葉で遺伝子発現が見られなかったので解析から除外した）について、手持ちのジャポニカ米4品種（*Pia* をもつ品種2つと、もたない品種2つ）と上記のインディカ米2品種、そしてそのときゲノム情報があったジャポニカ米「日本晴」とインディカ米「93-11」の計8系統について、塩基配列を解析することにした。

その結果が**図 5.6** である。*Pia* をもつかもたないかにかかわらず、ジャポニカ米どうし、インディカ米どうしが近縁な塩基配列をもっていたのは、*RGAC* と *RGA9* であった。また、*RGA1*、*RGA2*、*RGA10* については、ジャポニカ米でしか相同配列が得られなかった。これらの結果は、ジャポニカ米、インディカ米が亜種レベルで大きく分化していることから当然予想されるパターンである。ところが、これらの遺伝子のあいだに並んでいた遺伝子では、そのよう

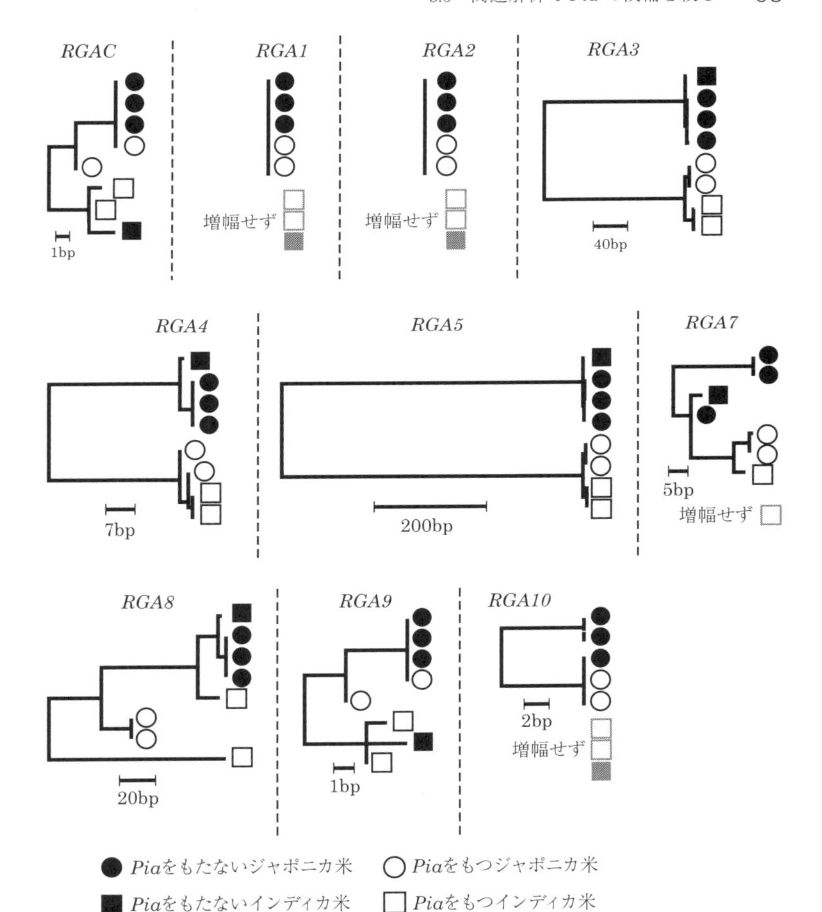

図 5.6　NBS-LRR 構造をもつ *Pia* 近傍の 10 遺伝子座におけるイネ 8 品種の遺伝子型の系統関係

RGA3、*RGA4*、*RGA5* のみ *Pia* をもつ品種ともたない品種のあいだで明瞭な分化が見られる。[Okuyama *et al*. 2010 より改変]

な“ふつう”なパターンにはなっていないことがわかった。とくに、*RGA3*、*RGA4*、*RGA5* の 3 つの遺伝子は、*Pia* をもっている品種（愛知旭、ササニシキ、104）どうしと、*Pia* をもっていない品種

（蒙古稲、ひとめぼれ、日本晴、カサラス）どうしのあいだで大きく異なる塩基配列をもっていたのだ。言い換えれば、ジャポニカ米、インディカ米のあいだで遺伝的二型を共有しており、その二型のパターンは*Pia*をもっているかどうかと一致しているらしかったのだ。つまり、この3つの遺伝子のどれかが*Pia*である可能性が高いということだ。イネの研究も、遺伝学も素人同然だった僕がいきなりたどり着いた結果としては、どうにも都合のよすぎる話のようだが、ビギナーズラックということもあるかもしれない。ともかく、この推論を信じて先に進むことにした。

遺伝子を3つまで絞り込んでしまえば、やることは決まっている。先の3つの突然変異体で、これらの遺伝子の塩基配列に本当に突然変異が入っているかどうかを調べればよいのだ。当然のことだが、これらの突然変異体は元がササニシキなので、やみくもに遺伝子の塩基配列を調べてもササニシキとまったく同じ塩基配列が得られるだけである。これらの株については、突然変異の割合は50〜100万塩基に1つとわかっているので、だいたい3,000塩基くらいからなる遺伝子を調べたときに、たまたま突然変異が入っている確率は1%未満ということになる（しかも、その突然変異の半分くらいはアミノ酸の置換などを起こさない、遺伝子機能に影響のないもののはずだ）。ところが、あっさり*RGA4*に突然変異が見つかった。突然変異体の塩基配列をパソコン上で確認していて、わが目をしばし疑った。しかも、3つの突然変異体のうちの2つが同じ*RGA4*に突然変異を起こしていたのだ。1%未満の偶然が2回つづけて起こる確率は1万分の1であるから、これは偶然ではないはずだ。さっそく寺内さんにこの発見を伝えると、不敵な笑みの関西弁でこう返ってきた。「そんなに簡単にうまくいってええんか？」

5.7 *Pia* の正体は *RGA4* なのか？

2つの突然変異体の *RGA4* 遺伝子に見つかった突然変異は、1つは遺伝子がコードしているタンパク質の重要な部分、NBS（核酸結合部位）にアミノ酸の置換を起こすもので、もう1つには、遺伝子のイントロンの開始部位（どんな遺伝子でもほぼ例外なくGTという2塩基と決まっている）に塩基置換が入っていた。つまり、いずれもただの塩基置換ではなく、遺伝子機能を損なうと考えられる突然変異だったのだ。これはもう、*RGA4* が *Pia* そのものだと信じるに十分な証拠である。そこで証明実験を行なうことにした。

最もオーソドックスかつ強力な遺伝子機能の証明法は、遺伝子組換え体の作製である。すなわち、*Pia* の突然変異体やもともと *Pia* をもっていないイネ品種に *Pia* の候補である遺伝子を導入した組換え体が、*Pia* の形質をもつ（すなわち、*AVR-Pia* をもついもち病菌に抵抗性になる）ことを証明すればよいのだ。しかし、それにはけっこうな労力と時間がかかるので、寺内研ではそれに代わる簡易で迅速な方法を開発していた。それは、試験管内でイネのプロトプラスト（細胞壁を溶かしてバラバラにした細胞）に、*Pia* が認識するいもち病菌の非病原性因子 *AVR-Pia* をコードするDNAをプラスミドで導入し、抵抗性反応、すなわち特異的細胞死が起きるかどうかを確認する方法である（**図5.7**）。じつは、先ほどのインディカ米品種カサラスと104が *Pia* をもつかどうかも、この方法で確認していたのだ（図5.7a）。ここにさらに、*Pia* の正体と考えられる *RGA4* も導入してみることにしたのだ。

つまり、こういうことだ。*Pia* の突然変異体やもともと *Pia* をもっていないイネ品種のプロトプラストに *AVR-Pia* だけを導入しても当然、細胞死は起きない。しかし、もし *RGA4* が *Pia* そのもの

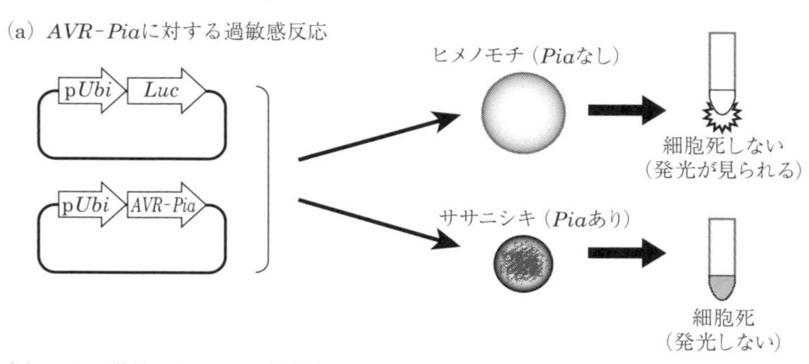

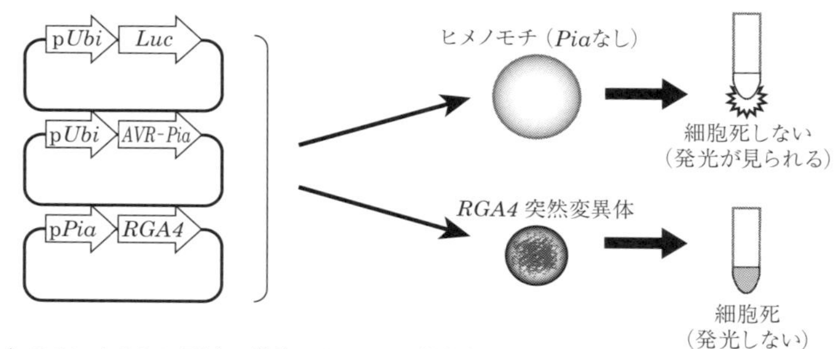

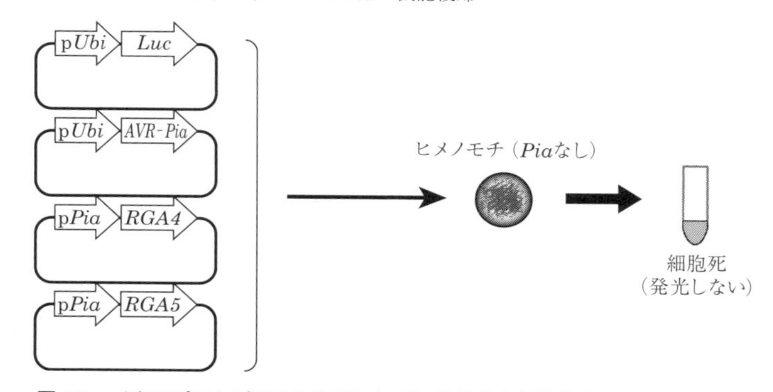

図 5.7　イネのプロトプラストを用いた *Pia* 特異的な抵抗性反応のアッセイ系
AVR-Pia と Pia の相互作用により細胞死が起き、ルシフェラーゼによる発光が減少することを利用する。[Okuyama *et al.* 2010 より改変]

だとすると、*RGA4* と *AVR-Pia* を同時にこのプロトプラストに入れたときだけ細胞死が起きるはずである。ちなみに、さらにもう1つ、ホタルルシフェラーゼ遺伝子（*Luc*：レポーターとよぶ）も導入する。細胞死が起きると、この遺伝子のはたらきで起きるはずの発光が失われることを細胞死の確認に利用できるからだ。

そうして実験すると、最初、期待どおり *Pia* を導入した細胞でだけ細胞死が起きることが確認できた。これですべて決着、とぬか喜びしたのもつかの間、その後とても都合の悪い実験結果が出てしまった。いもち病菌の非病原性因子 AVR-Pia を導入しなくても、細胞死が起きてしまったのだ。つまり、これは *Pia* に予測される特異的な反応ではなく、非特異的な細胞死を誘導するはたらきを見ているにすぎなかったのだ。思案の末、これはコムギのユビキチンプロモーター（p*Ubi*）を使ったことで遺伝子が過剰発現していることに起因することが疑われたため、これを使わないように実験系を改良し、再度、実験を行なった。するとこんどは一転、残念な結果が得られてしまった。*RGA4* と *AVR-Pia* を一緒に導入しても、*Pia* をもたないイネの品種（ヒメノモチ）の細胞は細胞死を起こさなかったのだ（図 5.7b）。なんということだろう。順調にゴールに向かっていたかに見えた研究は、突如暗礁に乗り上げてしまった。

5.8　ついに明らかになった *Pia* の正体

これまでに得られた結果を整理すると、こういうことだ。*RGA4* に突然変異が入ってその遺伝子機能が壊れた株は、たしかに *Pia* に相当するいもち病抵抗性を失ってしまう。それにもかかわらず、*Pia* をもっていないイネの品種に *RGA4* を導入しても、*Pia* に相当するいもち病抵抗性が獲得されない。これはいったいどういうことなのか。

こんな問題にぶつかっていたちょうどそのころ（2008年10月だっただろうか）、重要な論文が公開された。なんと、寺内研で取った3つのいもち病菌の非病原性因子のひとつであるAVR-Pik/km/kpに対応するイネの抵抗性遺伝子*Pikm*の単離に成功した、という報告であった[35]。こちらはポジショナルクローニングとBAC（細菌人工染色体）作製による遺伝子領域の網羅的配列決定という手法による、手堅い仕事である。こちらが取り組んだ遺伝子がたまたま*Pia*で、彼らの研究と競合しなかったことは幸運であった。

この論文は予想外の結果を報告していた。なんと、イネのいもち病抵抗性遺伝子*Pikm*の正体は、隣り合った2つの遺伝子*Pikm1-TS*と*Pikm2-TS*の両方だというのである。彼らはこの2つの遺伝子それぞれについて導入した組換え体の解析から、どちらか一方だけでは*Pikm*に相当するいもち病抵抗性は獲得されないことを示していた。この論文を読んでから調べてみると、抵抗性に2つの隣り合った*R*遺伝子が必要だという発見は、ちょうどシロイヌナズナでも報告されたばかりであることを知った[36]。

もしかして、*Pia*も同じなのではないか。そう考えて改めてデータを見直してみると、*Pia*をもっているイネどうしは、*RGA4*に加えて、*RGA3*と*RGA5*も共通の配列をもっている。もしかして、このどちらかも*Pia*の機能に必要なのではないだろうか。なお、*RGA4*が壊れた突然変異体のプロトプラストには、*AVR-Pia*と*RGA4*を導入するだけで特異的細胞死が起きることが確認できた（図5.7b）。この結果は、やはり*RGA4*は*Pia*の機能に必要な遺伝子だが、それだけでは十分ではないことを示している。

さて、*Pikm*のケースでも、シロイヌナズナで報告されていた*RRS1*と*RPS4*のケースでも、ペアではたらく遺伝子はなぜか転写される方向が互いに逆向きであった。*RGA4*に対して同様の位置関係にあったのは*RGA5*であった。そこで、*Pia*をもたないイネ品種ヒメノモチのプロトプラストに、*AVR-Pia*、*RGA4*、そして *RGA5* をすべて導入したら、こんどは予想どおり！　ついに *AVR-Pia* に特異的な細胞死を確認できたのである（図 5.7c）。*Pia* の正体は、やはり *RGA4* と *RGA5* の 2 つだったのである。

5.9　岩手を出る

Pia の正体をつかみかけていたちょうどそのころ、国立科学博物館筑波実験植物園（現職）で任期なし研究員ポストの公募が出ていることを偶然知った。大会への参加を検討していた日本植物分類学会のウェブサイトを眺めていたら、偶然にその公募情報が目にとまったのだった。しかし寺内さんには、3 年間は学振 PD に応募するつもりもないし、当分岩手を動かないつもりだというようなことを宣言していた矢先のことであった。それに当時、国立科学博物館のスタッフの知り合いもほとんどいなかったので、どこの馬の骨とも知れない僕が評価されるとは考えにくく、応募したとしても採用されるとは思えなかった。とはいえ、いつかはまたチャルメルソウ類をはじめとする野生植物の研究に戻りたい。国立科学博物館筑波実験植物園であれば、たしかに野生植物の研究をするのにこれほどふさわしい職場はないはずだ。

チャンスに賭けるか、それとも、どうせ公募書類を準備するだけ無駄骨に終わるかもしれないからやめておくか。悩んでムルに相談したところ、彼の言葉は「何を悩むことがあるんだ。それがお前にとっていいポストだと思うなら迷わず出せよ」というものだった。彼のこの言葉に背中を押され、ともかくも挑戦してみることにしたら、なんと採用されてしまったのだ。こうして岩手生物工学研究センターに移ってたった 11 カ月にして、僕の「岩手留学」は終わりを迎えたのだった。

Pia の研究も佳境に入って、とても言い出しづらい状況だったが、ともかくも転職の意向を寺内さんに伝えなければならない。寝耳に水であったはずの寺内さんは渋い顔で、それでも「まあ向こうが任期無し*3ならしゃあないな。こちらとしてはきちんと成果を残していってくれさえすればええ」という返事をくれた。行き先に困っていたところを拾ってもらったのに、こんな形で転職するのは本当に申しわけない思いだったが、*Pia* の研究をしっかり形にできる見通しが立っていたのは当時の僕に唯一できる自己弁護であった。

そのようなわけで、じつのところ詰めの仕事、すなわち、*Pia* をもたないイネのプロトプラストに、*AVR-Pia*、*RGA4*、そして *RGA5* をすべて導入する実験は、同じ研究チームの神崎洋之さんに引き継いでもらった。そして、転職後すぐに期待どおりの成果が出たことを知ったのだった。その後、細かい補足実験や解析、そしてけっきょく、レフェリーに要求された組換え体の作出まで、神崎さんや吉田さんをはじめとする研究チームのみなが対応してくれた。その結果を受けて急ぎ原稿を書き上げ、最終的に論文が受理されたのは、転職から2年弱が経過したころであった[37)]。

5.10　遺伝子 *Pia* と植物免疫研究のその後

転職後、僕自身はイネの研究からは離れてしまったが、大きなチームでひとつの研究を成し遂げるというこのときの経験は、研究者人生でもかけがえのないものであった。そして、高校生のころに立花隆氏と利根川進博士の対談本『精神と物質』（文藝春秋）を読んで感銘を受け、一流研究者のロールモデルに触れたことが生物学者への具体的な道を意識するきっかけになった身としては、期せずし

*3　岩手生物工学研究センターでの雇用は、当然ながら任期が切られたものだった。

て植物の免疫研究に携われたことも感慨深い。哺乳類で抗体の多様性が生じるのは、異なる遺伝子領域が組み換えられ、組合せではたらくからである。思い返してみれば、この利根川博士の発見を知っていたことが、*Pia* のような植物の免疫遺伝子が組合せではたらいてもおかしくない、と僕が自然と考えたきっかけになっていたように思う。

Pia の正体、*RGA4* と *RGA5* を単離したことが基となり、この *Pia* と *AVR-Pia* の系は活発な研究対象となり、その後も次々と驚くべき発見を生んでいる。主要なその後の研究成果をまとめると、こうだ。RGA4 [*4] は植物の感染細胞を細胞死させる免疫応答を直接担っており（これが細胞内で過剰発現させると非特異的な細胞死が起きた理由であろう）、RGA5 はそれを抑制するという。一方、RGA5 は同時に、いもち病側の因子 AVR-Pia と直接結合することでこれを認識する。その結果、RGA4 の抑制は解除され、細胞死が誘導される。いもち病側の因子 AVR-Pia は本来、イネ側の何らかの因子を標的にして感染を補助していると考えられるが、その性質を逆手にとって RGA5 の先端部にある HMA/RATX1 ドメインという領域が、その「おとり」としてはたらくと考えられる [38, 39]。ただし、AVR-Pia の本来の標的や、どのように（あるいは本当に）感染を補助しているのかなどはまだ明らかになっていない。

もう１つ、僕が研究していた当時から抱いていた、解かれていない疑問も残る。それは、なぜ *Pia* の遺伝子座にイネ全体で二型が保たれているのかという問題である。*Pia* をもっているイネには、少なくとも特定のいもち病菌株に抵抗性であるという確実な適応的有利性がある。その一方で、*Pia* をもっていないイネ（代わりに対

---

*4 遺伝子名や表現型はイタリックで表記し、遺伝子がコードするタンパク質は立体で表記する。

立遺伝子 *pia* をもつ）は数多くあるというのに、その有利性はまったくの謎なのだ。これは偶然で説明されることではなく、集団遺伝学的解析からも、この二型が自然選択（もちろん栽培下での人為選択も含む）で維持されてきたことがはっきりしている。独立に、大きく異なる環境でそれぞれ栽培化されたジャポニカ米とインディカ米の両方でこの二型が維持されているのも、とても不思議である。*Pia* の対立遺伝子である *pia* にも何か重要な機能があると考えざるをえないのだが、これについてはまだまったく解明される気配がない。そもそも、いもち病がイネに感染するようになったのは栽培化後のことだという[40]。そうだとすると、栽培化前は、あるいは現生の野生種イネ *Oryza rufipogon* では *Pia* の遺伝子領域はどのような役割を果たしているのか。興味は尽きない。

第6章 日本のチャルメルソウ類はどうやって生まれたのか？

6.1 チャルメルソウ節の倍数性

筑波実験植物園の研究員として勤務をはじめて、晴れて野生植物の研究に戻ることができた僕は、博士論文で取り上げていながら未解決だった最後の問題に取り組むことにした。それは、東アジアで顕著な種分化を遂げたグループ、チャルメルソウ節（section *Asimitellaria*）がどのような共通祖先から起源したか、という問題だった。

これがなぜ問題なのか、ということには少し説明が必要だろう。まず、おさらいをしておくと、チャルメルソウ節は従来の分類ではチャルメルソウ属を構成する下位の分類群（節）のひとつで、14種からなる単系統群である。台湾に自生するタイワンチャルメルソウを除き、全種が日本固有種であることから、（とても分散能力の低い植物であることも考え合わせ）チャルメルソウ節内部の種分化は遠い過去の日本列島を舞台に起きたと考えられる。このことが植物の種分化を研究する材料として適している理由のひとつであるわけだが、他地域に見られないユニークな植物群であるがゆえに、そのチャルメルソウ節に最も近縁な種がどれであるのかがはっきりしない。それゆえ、共通祖先の姿を推定することも難しくなっている。共通祖先がどのようなものだったのかを知ることは、その後の種分化を考える際にも重要であるため、ここはぜひ押さえておきたい。

じつのところ、ここまで注意深く読み進めてくださった読者ならお気づきかもしれないが、すでに第3章でチャルメルソウ類全体の系統関係について解析を終えている。そこでは、北米西海岸に自生する種タカネチャルメルソウ（*Mitella pentandra*）こそがチャルメルソウ節に最も近縁であるという解析結果が得られてはいた。しかしこれでは依然として決着しない問題が残っていたのだ。それはチャルメルソウ節の倍数性の問題である。

チャルメルソウ類のほとんどの種は、染色体数が $2n=14$ で特徴づけられ、タカネチャルメルソウもこれは同じである。一方、チャルメルソウ節では全種の染色体数が $2n=28$ であることが知られていた。つまり、チャルメルソウ節は倍数体（4倍体）なのである。このことを報告していたのはほかでもない、第2章の冒頭で紹介した若林先生の論文であった[16)]。そこでは、チャルメルソウ節のほとんどの種について詳細な染色体像の観察が行なわれており、これらの種ではいずれも、4つずつ7セットの染色体像ではなく、2つずつ14セットの染色体像が示されている。これが意味しているのはどういうことだろうか。

染色体数の倍化（倍数化）には2通りのメカニズムがあると考えられている。1つは、同質倍数化（auto-polyploidization）で、もともと1種の祖先種が、非減数（減数分裂を起こさなかった）の配偶子どうしを受精させた結果、ゲノムセットが丸ごと倍になる場合である。もう1つは、異質倍数化（allo-polyploidization）で、祖先種2種が雑種をつくり、その雑種がやはり非減数の配偶子をつくってそれが受精し、祖先種両方のゲノムセット（サブゲノム）をそのままもった個体が誕生する場合である（**図6.1**）。

もうおわかりだと思うが、同質倍数化によって生じた4倍体（同質4倍体）の場合は、同じ染色体を4つずつもつ（2つのサブゲノムがまったく同一）。一方、異質倍数化によって生じた4倍体（異質4倍体）の場合は、染色体数は倍増しても同じ染色体は2つずつしかもたない（2つのサブゲノムが異なるため）のである。つまり、

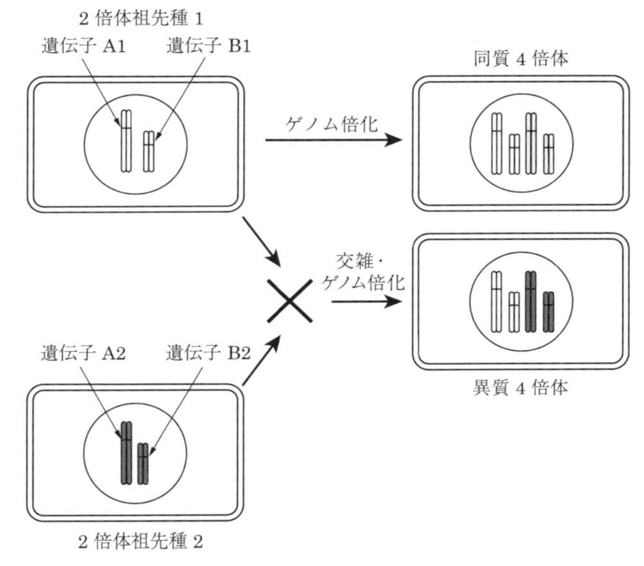

図 6.1　倍数体ができる異なる 2 つのメカニズム
染色体上に乗っている遺伝子もふつうコピー数が倍になる。

一般に 2 つずつ 14 セットの染色体をもつチャルメルソウ節は、異質倍数体である可能性が考えられるのだ。ただし、チャルメルソウ節の共通祖先で倍数化が起きたとすると、それはかなり古い過去にさかのぼる出来事であるため、染色体の姿自体が倍数化した当時から大きく変化してしまっている可能性もある。つまり、現在の染色体像から倍数化のメカニズムを結論することは難しいのだ。実際に、若林先生も論文中では慎重に、「$2n=28$ の各種は、上述の $2n=14$ の種の単なる同質倍数体でもなく、形態的にもだいぶちがうものであるので、これらともかなり類縁の遠いものである」と述べるにとどめている[16]。

それにしても、チャルメルソウ節の共通祖先が、もし異質倍数化によって起源した、すなわち異なる 2 倍体種間の交雑によって起源

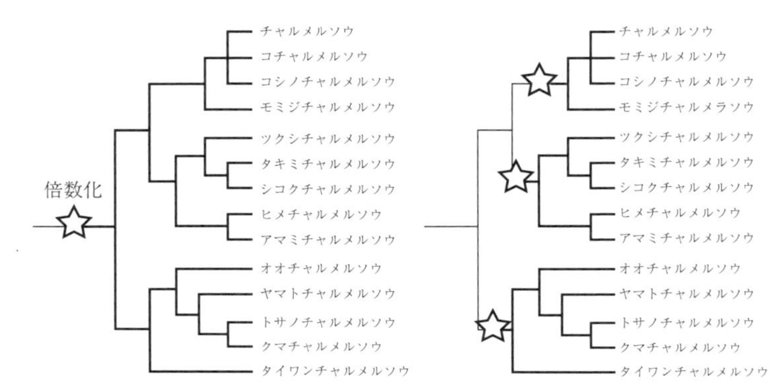

図 6.2　チャルメルソウ節の倍数性の起源の概念図

系統樹の太い枝は4倍体の系統、細い枝は2倍体の系統を表わし、星印は倍数化イベントを表わす。チャルメルソウ節の現生種はすべて4倍体だが、倍数化がその共通祖先で一度だけ起きた（左）とは限らず、複数回独立に起きた（右）可能性も考えられる。

したとするならば、第3章で明らかにしたチャルメルソウ節に最も近縁な2倍体（$2n=14$）種、タカネチャルメルソウはどのように位置づけたらいいのだろうか。また、そもそもチャルメルソウ節は、その全種の共通祖先で一度だけ倍数化したのか、それとも、種ごとに倍数化の由来は異なるのか、それもはっきりしない（**図 6.2**）。この問題を解決するにはどうすればよいだろうか。

6.2　倍数性の起源を解明する

じつは、これまでチャルメルソウ類で系統解析に用いてきた葉緑体DNAや核rDNAは、2倍体であっても4倍体であっても、基本的に1個体からは1タイプのDNA配列だけが得られる特殊な性質があった。これは、葉緑体DNAでは、母親からのみ子に受け継がれる性質（母系遺伝）があり、また、核rDNAについては、染色体中に何十から何百も同じ配列（コピー）をもち、交雑などが起きても速やかに（しばしば数世代で）すべて単一の配列タイプに置き

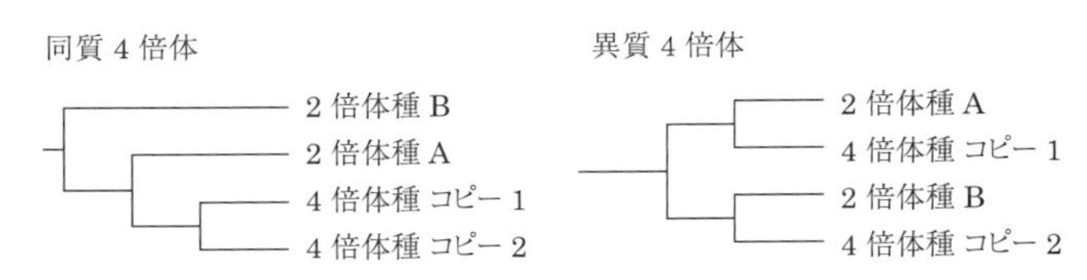

図 6.3 系統解析によって倍数性の起源を推定する
4 倍体種の 2 つの遺伝子コピーと、2 倍体種の相同な遺伝子配列の系統関係によって、同質 4 倍体か異質 4 倍体かを区別することができる。

換わってしまう性質（遺伝子変換による協調進化）があることによる。このような性質があると、過去の倍数化の情報が消えてしまうため、倍数性が単一種のゲノムの倍化に由来するのか（同質倍数性）、それとも 2 種の交雑に由来するのか（異質倍数性）といった問題を解明するツールとしては使えない。

倍数性の起源を解明するのに役立つと考えられるのは、葉緑体 DNA や核 rDNA のような特殊な性質をもたない“ふつうの”遺伝子である。多くの遺伝子は、倍数化に伴ってその数も倍になり、その後それぞれは独立に進化するため、系統解析によって倍数性の起源を解明するのに用いることができる（**図 6.3**）。とくに、基本的な生命活動に欠かせない一次代謝の遺伝子などは、どんな生物にも少数のコピーだけが必ずあり、また、遺伝子機能がよく研究されていて配列を特定しやすいため、種間での比較（系統解析）に有用である。これはちょうど、魚の種間で特定の位置の 1 枚の鱗と相同な鱗を別の種で特定するのはかなり困難だが、たとえば眼であれば 2 つしかないので、どんなに類縁の遠い別種でも相同な部分を簡単に特定できるということに喩えることができるだろう[*1]。

[*1] 逆に、鱗はたくさんあっても、同種内、同一個体内ではだいたい形が似通っていて、一方、種間では形が異なると考えれば、鱗の形態を種間で比較することはもちろん可能で、これはちょうど 1 細胞内に多数のコピーが存在する核 rDNA や葉緑体 DNA を種間で比較するのと原理的には似ているといえる。

そこで、チャルメルソウ節の倍数性の起源を明らかにするため、4つの遺伝子を新たに解析することにした。それらは、他の植物で系統解析に用いられた実績があったり、当時ゲノム情報があった真正双子葉植物（アルファルファ、シロイヌナズナ、トマト、ブドウなど）のゲノムデータを眺めていて使えそうだと思ったりしたもので、それぞれ葉緑体発現型グルタミン合成酵素（GSⅡ）、顆粒型デンプン合成酵素A（GBSSI-A）、顆粒型デンプン合成酵素B（GBSSI-B）、そして、ホスホエノールピルビン酸カルボキシキナーゼ（PepCK）をコードしている遺伝子であった。

1細胞に同一の配列が無数にある葉緑体DNAや核rDNA（マルチコピー遺伝子）とちがって、今回新たに解析した遺伝子（シングルコピー遺伝子）は、ゲノム中に限られた数（2倍体の1細胞あたり1コピー2対立遺伝子）しかない。したがって、PCR法で増幅し、塩基配列を決定するには、質の高いDNA試料が要求されるなど、従来の系統解析では問題にならなかった実験上の難しさもあった。さらに、解析する遺伝子のコピーそれぞれに2つの対立遺伝子に相当する異なる配列がある（ヘテロ接合）こともしばしばであった。これが解析を複雑にすることを避けるため、4倍体種を中心に、一度自家受粉させて取った種から育てた個体（ヘテロ接合度が親株の半分になる）を解析に使った。ここでも、栽培株を手元にもって交配実験などを行なっていたことが生きたのだ。

試行錯誤の末に、それぞれの遺伝子について、チャルメルソウ類のなるべく幅広い種を網羅する形で塩基配列を得ることができた。ここで重要なことは、2倍体の種では基本的に1種類しか得られない遺伝子配列（コピー）が4倍体のチャルメルソウ節では2つのサブゲノムに対応して2コピー得られるはずだということである。そして、それぞれのサブゲノムに対応する2種類のコピーと、2倍体各種の相同配列との系統関係によって、4倍体が同質倍数体か異質

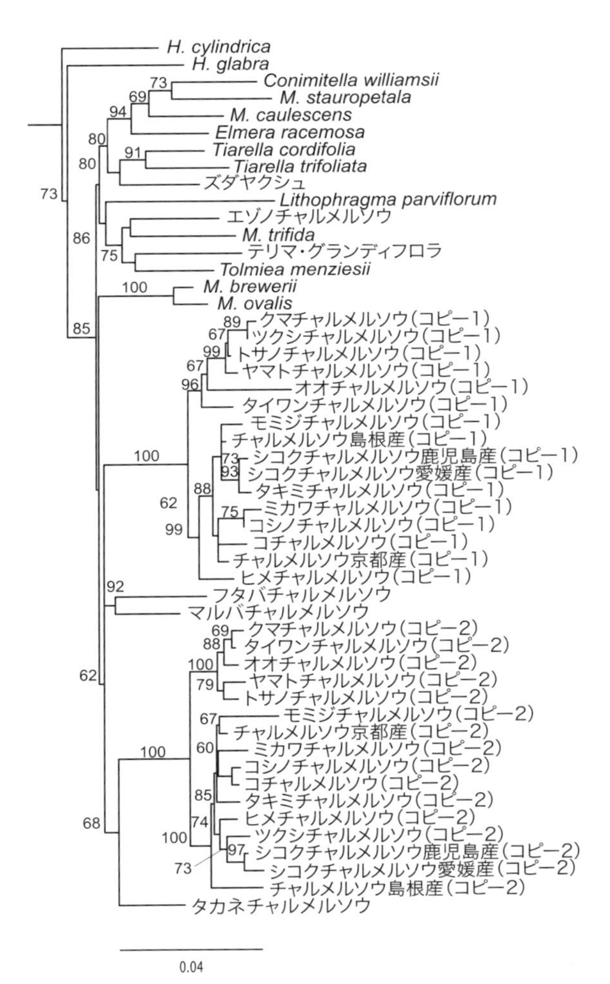

図 6.4　チャルメルソウ類の遺伝子 *GSII* の最尤系統樹

4倍体であるチャルメルソウ節はすべての種がコピー1とコピー2をもっており、それぞれが単系統となる。枝上にブートストラップ確率（50% 以上の場合のみ）を示してある。

倍数体かが判別できる（図6.3）。

予想どおり、それぞれの遺伝子について基本的に2倍体種では1種類の配列が、4倍体種では2種類の配列が得られた。まずは、最初に調べた遺伝子 *GSII* の解析結果を見てみよう（**図6.4**）。チャルメルソウ節のほぼすべての種で2種類のコピーが得られており、それぞれが単系統となっている一方で、2種類のコピーどうしは姉妹関係になっていないことがわかる。この結果は、チャルメルソウ節の共通祖先で一度だけ倍数化が起きたこと、また、それは2つの2倍体種の交雑による異質倍数化であったことを示している（図6.3右側参照）。さらに、ブートストラップ確率（系統樹の枝がどれくらいデータから支持されているかを示す目安となる値）こそ低いものの、コピー2（サブゲノムの一方に対応すると考えられる）は、やはり例のタカネチャルメルソウと姉妹関係になっている。これは、異質倍数化に少なくともタカネチャルメルソウの系統が関与していることを示唆している。しかし、もう一方のコピー1がどの2倍体種に最も近縁なのかははっきりしない。フタバチャルメルソウ／マルバチャルメルソウの系統が近いようにもみえるが、これが姉妹群であるという結論は得られなかった。全般的に、倍数性の起源を明らかにするにはまだデータが不足しているようにみえる。

では、ほかの遺伝子ならどうだろうか。次の遺伝子 *GBSSI-A* では、驚いたことにちがう結果が得られてしまった。こちらの遺伝子でも、チャルメルソウ節が共通祖先で一度だけ、しかも異質倍数化によって起源したことを示唆するパターンに関しては先ほどの結果と一致している。しかし、*GBSSI-A* ではどちらのコピーもタカネチャルメルソウと姉妹関係になることはなく、一方のコピーは属すら異なる種テリマ・グランディフロラに近縁という結果が得られてしまった。つづけて、*GBSSI-B*、*PepCK* と見ていくと、いずれも共通しているのはチャルメルソウ節がただ一度の異質倍数化によっ

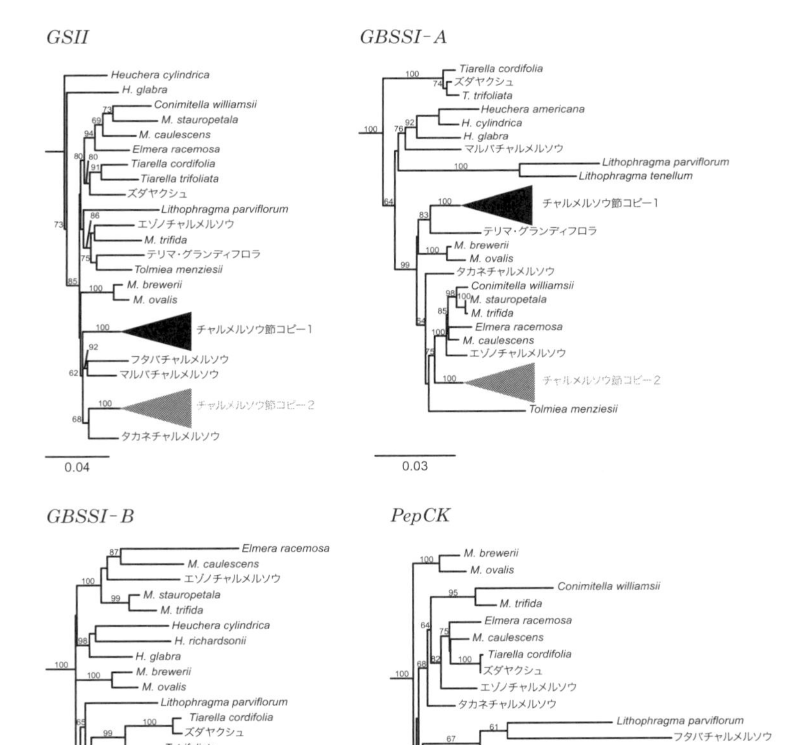

図 6.5　チャルメルソウ類の４つの遺伝子それぞれの最尤系統樹

チャルメルソウ節の各種の表記は省略し、コピー１とコピー２のそれぞれにまとめてある。枝上にブートストラップ支持（50% 以上の場合のみ）を示してある。*GSII* の系統樹は図 6.4 と同一である。遺伝子ごとに推定される系統樹が大きく異なることがわかる。

て起源したことを示唆するパターンだけで、ではどの２つの系統が交雑して生じたのか、という問題についてはまったく一致した結果が得られないのであった（**図 6.5**）。一般に、１つの遺伝子を解析して得られる系統樹は、（本来知りたい）種の系統樹と一致するとは限らないことが知られているため、これは十分に起こりうる事態であった。そのうえ、単純にデータが足りないために、見かけ上、結果がくいちがっているということもありそうだ。

では、どうするべきか。超並列シーケンサーを使うことがあたりまえになっている現在ならともかく、この時点（じつはこの実験の大部分は博士課程の後期に行なっていた）ではすでに考えられるかぎり最大限の労力をつぎ込んでの、この結果である。これ以上データを足したところで、あまり実りはなさそうだ。

6.3　遺伝子データが統合できない

分子系統学において、解析した複数の遺伝子のデータがお互いに整合しないというのは、とりたてて珍しい現象ではない。これは前述したように、データの不足による見かけ上の不一致と、遺伝子の系統樹と種の系統樹の不一致（その結果としての遺伝子の系統樹どうしの不一致）という２つの要因で起こることが知られている[55, 56]。このような問題に対してとりうる解決方法は、これら複数の遺伝子データを統合してデータ全体が指し示している結論を見いだすというアプローチになるだろう。しかし、ここに大きな困難があった。

複数の遺伝子のデータを統合するのは、１種から１つの遺伝子コピーが得られるようなふつうのデータセットでは何の問題もない。データの統合にもいろいろなやり方があるが、単純結合の場合を考えてみる。ある種で２つの遺伝子のデータ（ＡとＢとする）を得た場合、それぞれ１コピーずつであれば、これらのデータを統合す

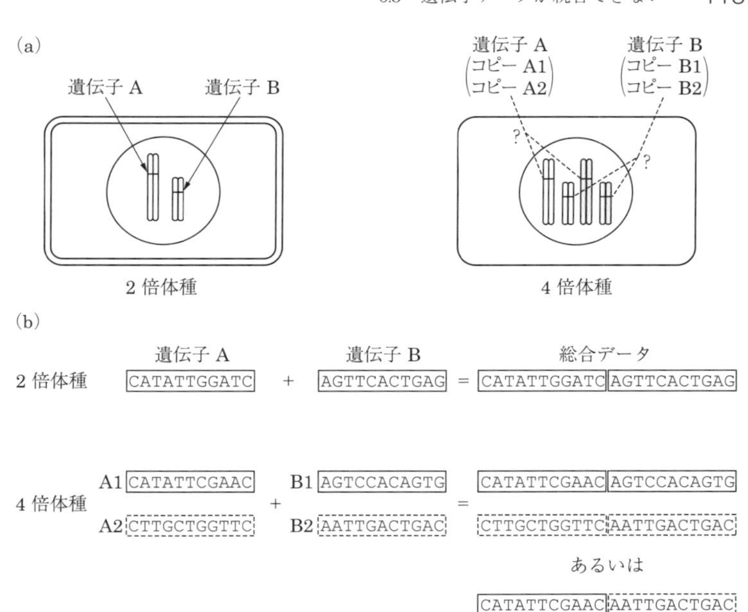

図 6.6 2 倍体と 4 倍体で複数の相同な遺伝子を統合して解析する際の問題点
2 倍体種では、解析する遺伝子がそれぞれ 1 コピーしかないので（a の左）そのままデータを統合できる（b の上）が、4 倍体種では、それぞれの遺伝子が 2 コピーずつあるため（a の右）、どの組合せで統合すればよいかを判断することができない（b の下）。

るのに、単純に A + B というデータをつくるだけでよい。しかし、倍数体を解析する際に予想されるように、もしそれぞれの遺伝子からコピーが 2 つずつ、すなわち A1 と A2、B1 と B2 というデータが得られたら、どうすればよいだろう。それぞれのコピーは倍数化によって生じた 2 つのサブゲノムを代表していると考えられるが、大きな問題は倍数体のなかのサブゲノムを区別できないことである。したがって、A1 と A2、B1 と B2 がそれぞれどちらのサブゲノムを代表しているかを研究者が事前に知ることはできない。つまり、それぞれのサブゲノムがどの 2 倍体種に近いかを知りたくても、

A1 + B1、A2 + B2 というようにデータを統合すればよいのか、それともそうではなく A1 + B2、A2 + B1 というようにすればよいのかはわからないのだ（**図 6.6**）。

これが、博士課程最後の研究でたどり着いた、不本意な行き止まりであった。4つの遺伝子の解析結果はくいちがっているようにみえるが、これらのデータが全体としてサブゲノムの由来について何を示しているのかを明らかにする手段はない、と結論するよりほかなかったのだ。正直なところ、ここまでのデータを得るのに相当苦労したぶん、こんな煮え切らない結果で論文にするのはまったく気が進まなかった。どうにかしてチャルメルソウ節のサブゲノムの由来を解明できないものか。そのまま岩手でのポスドク期間中は悩みつづけて、つくばに移っても悩みを持ち越してきたというわけだ。

6.4　すべての組合せを試す

研究の醍醐味のひとつは、解けそうでまだ解けない問題を考えることにある。ときには、もし研究費が潤沢にあったら、こんなデータを取って、こう解析してなどと夢想し、またあるときは、手持ちのデータから新しく生まれた謎に思いをめぐらす。このような未解決問題というのは、いつでもいくつも頭の中にあってけっして忘れないもので、料理をしていたり、シャワーを浴びたり風呂に入っていたり、電車に乗って移動していたり、そういうふとした日常の所作のなかで考えてしまう。

いつどこで、というのは思い出せないのだが、そのようなふとした瞬間にひらめきが生まれた。どのように遺伝子を統合すればいいかわからないのなら、それはわからないままでよい。データ統合の組合せは、全部試せばよいのだ。そもそも、系統推定からして、本来知りえないこと（進化の系統樹）をデータから推論するための方法であることを思い出してみよう。系統樹推定では、あらゆる樹形を試し、それぞれの樹形の「確からしさ」を何らかの尺度で求めることで、データと最もよく適合する樹形を得る。それならば、それぞれの遺伝子で得られた2つのコピーがどちらのサブゲノムに属しているかという問題も、同じように推定に含めてしまえばよいと思いついたのだ。

今回の研究で新たにデータを得た遺伝子は4つ。これに、核rDNA（片方のコピーが失われただけとみなせる）を加えても解析する遺伝子は5つだから、それぞれの遺伝子の2つのコピーをサブゲノムに振り分ける組合せは全部で16通り（$=2^5/2$）にすぎない。この16通りのパターンすべてでデータを統合したデータセットを作成し、それぞれで系統樹を推定する。それぞれの系統樹では、系統推定法に付随するスコア（最節約法なら樹長、最尤法なら尤度）が得られる。このスコアがあれば、5つの遺伝子データの統合パターンの確からしさについても同時に評価が可能なはずだ。というのは、もし同じサブゲノムに由来しないコピーどうしを“誤って”統合してしまうと、遺伝子間でデータの矛盾が生じるため、その結果得られた系統樹のスコアも悪くなると考えられるからだ（**図6.7**）。

さて、この画期的なアイデアを得たものの、まだ問題があった。それは、たった16通りの組合せとはいえ、統合データをすべて手作業で準備するのは非現実的だったことだ。作業の自動化が必要だったが、僕にはプログラミングの知識がほとんどないのだった。それに加えて、最先端の系統解析手法に関する研究なので、自分だけの知識レベルで手法の妥当性を世に問うには正直やや不安があった。しかしちょうどそのころ、共同研究を依頼するのにうってつけの人物と知り合っていた。当時東北大学にいた田邉晶史くんである。

田邉くんはちょうど僕の同期で、カタツムリの進化研究で著名な東北大学の千葉聡さんに師事して学位を取得し、そのまま同研究室

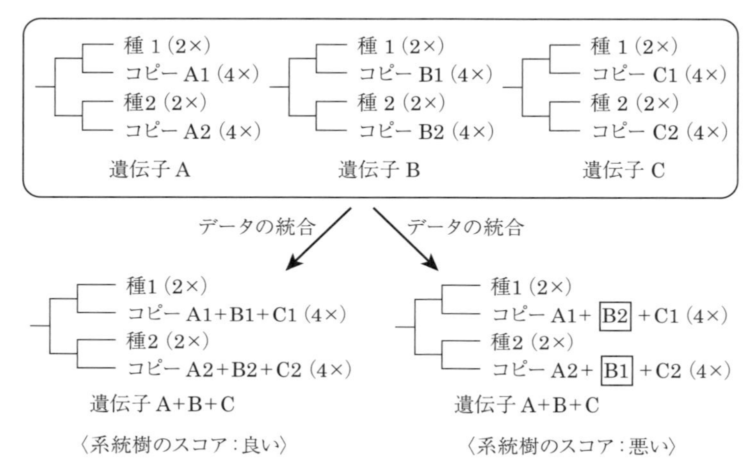

図6.7　統合するコピーの組合せを変えて複数遺伝子の系統解析を行なう

4倍体の遺伝子A、B、CのコピーA1、B1、C1は2倍体種1の系統に由来し、A2、B2、C2は2倍体種2の系統に由来する理想的な場合を考える。3遺伝子を統合する場合、組合せは4通り考えられるが、A1 + B1 + C1、A2 + B2 + C2という組合せでデータを統合すると、最終的に得られる系統樹は個別の遺伝子の系統樹と矛盾しないため、スコアはよくなる。一方、たとえば、A1 + B2 + C1、A2 + B1 + C2という組合せでデータを統合すると、個別の系統樹（この場合、遺伝子Bの系統樹）がこの統合パターンと矛盾するため、最終的に得られる系統樹のスコアは悪くなるはずである。したがって、最終的に最もよい系統樹のスコアが得られるようなデータの組合せが、最も妥当な組合せと考えることができる。

で研究をつづけていた。彼は当初、トビケラ類の系統進化や分岐年代推定の研究をしていたのだが、既存の手法に納得できず、ついにはみずから系統推定のソフトウェアまで開発してしまうほどの猛者であった。大学時代からの盟友、細くんが同じ研究室でポスドクとして研究を始めていた縁もあり、また僕自身も東北大学から比較的距離が近い岩手で研究していたこともあって、学位取得直後から彼とはなんどか話す機会があった。田邉くんは思ったことは直截にズバッと話す性格で、気持ちのよい議論ができる相手であった。研究上の興味も近く、すぐに仲良くなり、直後に岩手で開催された生態学会大会では共同で自由集会を企画したほどであった（余談だが、僕と彼は地声の大きさでは同じ生態・進化学研究の分野でも有数で、どこで話していてもすぐにそこにいるのがわかってしまうらしいというのも共通しているようだ)。

それで、このすべての組合せで遺伝子データを統合するアイデアを話すと、さすがは田邉くんである。話がややこしく、僕が説明することすら難しく感じているこの問題を瞬時に理解してくれて、すぐさま適切に解析するための道筋を描いてくれた。さらに心強いことに、この部分とこの部分は簡単なプログラムを組めば自動化できるから、と提案してくれたのだった。これで研究の準備が整った。あとは、解析するのみである。とはいえ、データサイズも大きく、かなりの計算時間を必要とする複雑な系統解析だったので、それも田邉くんにお願いすることにした。彼は解析に特化した自作のマシンをフル稼働させて、考えうる最適かつ洗練された系統解析手法を取り入れて計算を進めてくれたのだった。

6.5　明らかになったチャルメルソウ節の起源

こうして心強い共同研究者を得たことで、16 通りのデータセットの解析が完了した。結果は画期的なものだった。もちろん、もくろみどおり 16 通りのうち最もよい組合せを特定することにも成功した。これにより、各遺伝子のコピーがどちらのサブゲノムに由来するかについても推定できたことになり、同時に、このデータの組合せによって得られた系統樹こそが、遺伝子データ全体から導かれる“ベストの”系統樹ということになる。

ところが、実際には、その「最も確からしい」遺伝子データの組合せに限らず、16 通りのうちの 11 のデータセットが同じ樹形を支持していたのだ。それは、北米西部に自生する 2 倍体種タカネチャ

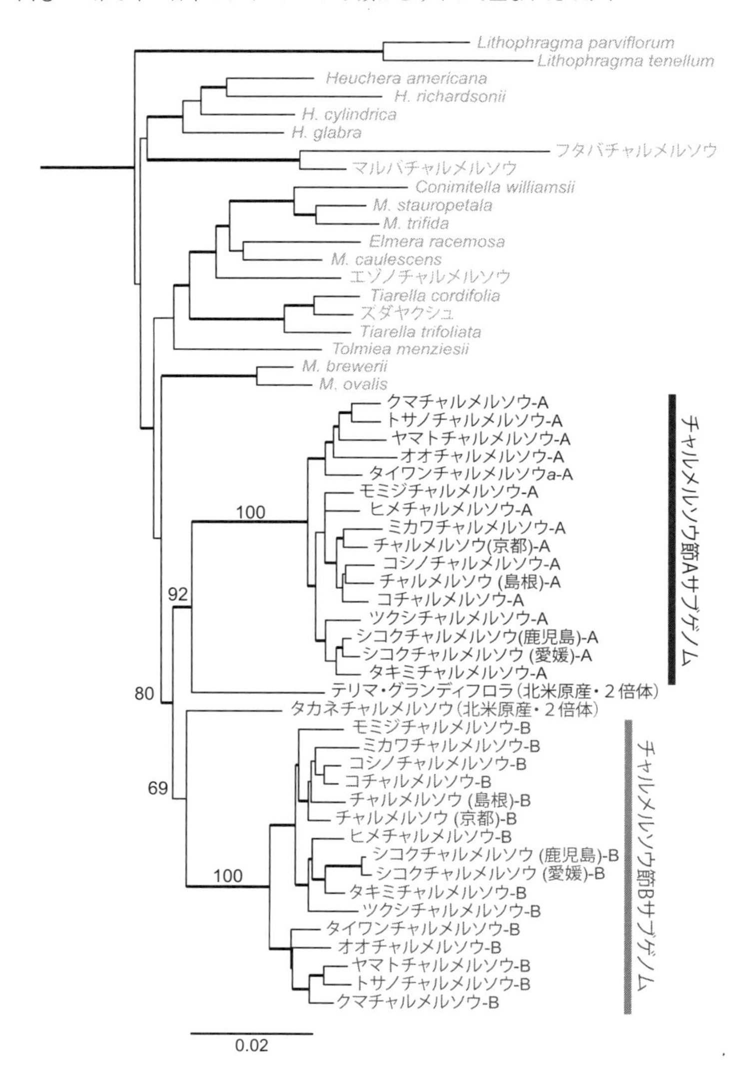

図 6.8　最も系統樹スコアが高くなる組合せで５遺伝子（*GSII*、*GBSSI-A*、*GBSSI-B*、*PepCK*、ETS ＋ ITS）を統合した場合のチャルメルソウ類の最尤系統樹

80% 以上の高いブートストラップ確率で支持される枝は太く示し、チャルメルソウ節のそれぞれのサブゲノムの起源に関係する枝のみブートストラップ確率値を示した。

ルメルソウとテリマ・グランディフロラがそれぞれチャルメルソウ節の2つのサブゲノムと姉妹関係になるというものであった(**図 6.8**)。この結果は、チャルメルソウ節がこれら現生する2倍体種(の祖先)のあいだの交雑によって生じた異質倍数体に由来することを示唆している。しかも、多くのデータの組合せが同じ樹形を支持しているということは、推定結果は安定していることを意味している。探し求めていた問いの答えがついに得られたのだ。

さっそく、この結果を論文にまとめて投稿したところ、予想外にも3人のレフェリーからはおおむね高い評価が得られ、すんなり論文はアクセプトされた[41)]。なお、このうちいちばん厳しい評価をしたレフェリーは「本論文で唯一独創的な部分は、複数遺伝子データの統合方法だが、あまりにも単純な方法なので、本当にこれまで誰もこの方法に言及していないかは疑問である」とコメントしてきたが、もちろんこれ以前にこのような手法を提案した研究は見つからず、残念なことに2018年2月現在、同様の手法であとにつづいた研究も見当たらない[*2]。

日本と台湾にしか自生しないチャルメルソウ節の起源が、北米西海岸の現生種にあったという結果は予想外のものであった。チャルメルソウ類の2倍体種は北海道や東北アジアにもエゾノチャルメルソウ、マルバチャルメルソウ、ズダヤクシュの3種が分布しているが、これらはチャルメルソウ節とは直接の類縁関係がないということになる。そうすると、チャルメルソウ節はどこで起源したのであろうか。

というわけで、これが研究の常というものだが、今回の結果が得られたことで、チャルメルソウ節の起源についてはまた新たな疑問が生まれてしまった。疑問へのとりあえずの答えとしては2つの可

---

*2 この解析手法が適用できる状況が限られていることがひとつの理由だと考えられる。

能性があって、1つは、タカネチャルメルソウとテリマ・グランディフロラの祖先種が、現在の分布域である北米西海岸で交雑・異質倍数化し、その異質倍数体が東アジアに移入したというシナリオ、もう1つは、タカネチャルメルソウとテリマ・グランディフロラの

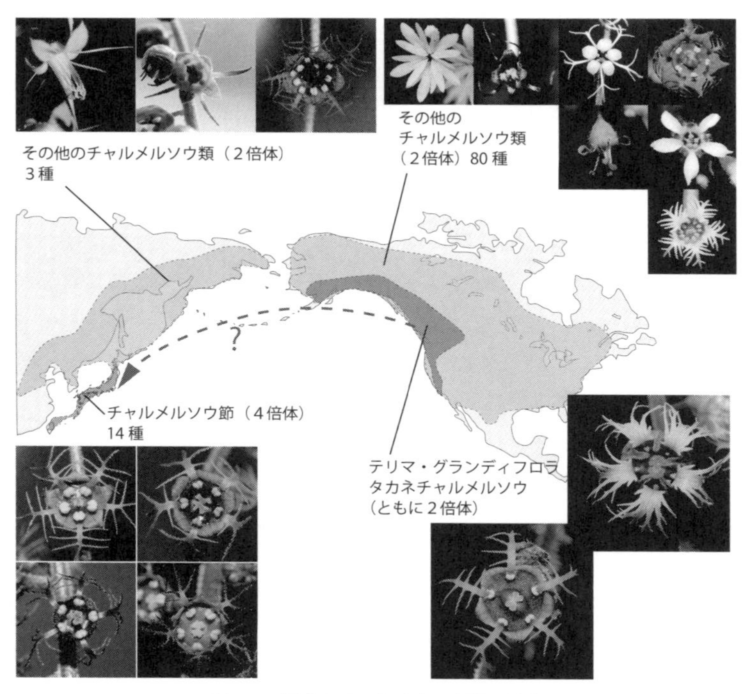

図6.9　世界のチャルメルソウ類の分布

東アジア固有の単系統群チャルメルソウ節は北米西海岸に現生する2つの2倍体系統の交雑によって生じたと考えられるが、どのように北米から東アジアに侵入したかは謎のままである。写真は左上から、ズダヤクシュ、エゾノチャルメルソウ、マルバチャルメルソウ（東アジア産2倍体チャルメルソウ類）、リトフラグマ・パルヴィフロルム、カタグルマ、ジュウジチャルメルソウ、サカサチャルメルソウ、ヒューケラ・ミクランタ、ヒューケラ・ブレヴィスタミネア、フタバチャルメルソウ（北米産2倍体チャルメルソウ類）、コチャルメルソウ、ツクシチャルメルソウ、シコクチャルメルソウ、オオチャルメルソウ（東アジア産チャルメルソウ節）、テリマ・グランディフロラ、タカネチャルメルソウ（チャルメルソウ節の祖先となった北米産2倍体系統、右上、左下の順）。

祖先種がかつて東アジアも含む北半球に広く分布しており、東アジアでは両種の交雑によって生じた異質倍数体だけが生き残り、チャルメルソウ節となったというシナリオだ（**図 6.9**）。

どちらが正しいか、もちろん現時点ではまったく答えが出ない。ただ、いえることは、タカネチャルメルソウとテリマ・グランディフロラは現在、同じ地域に分布していても、その生息環境は大きく異なっている。前者はより高標高の湿った環境に、後者はやや低標高の林縁に自生しているため、両種の交雑が起きるチャンスはほとんどないし、実際には報告例もないようだ。それが北米西海岸で起きたのか、東アジアで起きたのかは知る由もないが、いずれにせよ過去にこれらの系統間で交雑が起きた状況は、現在の２種そのものから想定される状況とはやや異なるということなのかもしれない。

タカネチャルメルソウがチャルメルソウ節に近いことは、雄しべの配列などの固有の形態的共通点（図 6.9 参照）からも支持されており、当初から納得できるものだった。しかし、チャルメルソウ属とは別属に分類されていたテリマ・グランディフロラも祖先系統のひとつであるという結論は驚くべきもので、もしかすると誤りなのではないかとさえ思う結果であった。しかし、今回の結果を受けて改めてテリマ・グランディフロラという植物を見つめ直してみると、チャルメルソウ節との共通点が数多くあることがわかってきた。

共通点は４つある。１つは性的二型（雌株がある状態）で、これは当初チャルメルソウ類ではチャルメルソウ節にしか見られないと思っていたのだが、テリマ・グランディフロラの集団の一部にもあることにのちほど気づいた。２つめは雌しべの形態で、花柱が湾曲・分枝し、複数の柱頭が花の正面ではなく周縁方向に向いているようすはチャルメルソウ節のほとんどの種と同様である（図 6.9 参照）。３つめは種子の形態で、とくに種子表面の色（褐色）とうね状の隆起が酷似している。最後に、花の香りについては第７章で詳しく述べるが、花の香り成分のひとつであるライラックアルデヒドを花から出すことも共通している（2倍体種で他にライラックアルデヒドを出すことが確認できているのはフタバチャルメルソウだけである）。なお、この研究の時点ではまだ限られた数の遺伝子で議論していたので、これはチャルメルソウ節の起源についてのひとつの仮説にすぎないことには注意が必要だ。ただ最近、ゲノム規模データを用いた予備的な系統解析からも、やはり同様の結果が支持されていると伝え聞いており（フロリダ自然史博物館 Ryan Folk からの私信）、これはおそらく正しい推定なのではないかと感じている。

繰り返しになるが、チャルメルソウ節の大きな特徴は日本列島と台湾だけで、形態的・生態的特性がさまざまな14種に種分化していることだ。そして、その多様性が生まれたおおもとでは、大きく性質の異なる2倍体種間でゲノムの融合が起きていたらしいという結果はとても興味深い。現在、チャルメルソウ節の複数種や、タカネチャルメルソウを含む2倍体種でゲノム配列の解析を進めつつあるが、チャルメルソウ節の生態的多様化をもたらした遺伝子群が、それぞれ両親種のどちらからもたらされたものか、それぞれのサブゲノムが適応進化や種分化にどのように貢献してきたか、などといった問題も今後明らかにできるかもしれない。同様に、タカネチャルメルソウとテリマ・グランディフロラの人工交配によってチャルメルソウ節の祖先種のモデルを作出するといった夢のような研究も可能かもしれない*3。

倍数体ゲノムの起源は古くて新しい問題で、人工雑種を作成し6倍体パンコムギの起源を証明した木原均博士の有名な研究[42]をあ

---

*3　チャルメルソウ類では属の異なる種間でも雑種ができるほど交雑しやすいことは知られている。ただし、実際にチャルメルソウ節の祖先で交雑が起きたのは相当古い過去のことなので、現生種であるタカネチャルメルソウとテリマ・グランディフロラのあいだで交配が可能かどうかは不明である。

げるまでもなく、進化生物学ではいまだに精力的に研究が進められているテーマのひとつだ。今回の研究は、チャルメルソウ節の倍数体サブゲノムの起源を明らかにしたいという、かなり特殊な興味から始めたことが、結果的には、倍数体の各遺伝子のコピーがどちらのサブゲノムに由来するかを推定する、というとても一般的な問題解決手法の提案にもつながった。このように、チャルメルソウ類という特殊な植物の研究であっても、日本列島という狭いフィールドで起きた特殊な進化の問題にとどまらず、広く進化生物学一般の重要な問題に対する洞察も得ることができたということは、この研究で得た大きな成果であった。

第7章
種分化の鍵は「花の香り」

7.1 花の匂い[*1]の正体

話は僕が大学院に進学した2003年にさかのぼる。当時、加藤研究室では川北さんらを中心に、発見されて間もないカンコノキとハナホソガの送粉共生系に関する研究が花開いていた。カンコノキの仲間はコミカンソウ科に属する低木の一群で、1つの木に、直径1 cmにも満たない小さく目立たない雄花と雌花を多数つける。加藤先生は、カンコノキの種子がハナホソガ（ハナホソガ属 *Epicephala*）という、これまた体長1 cmにも満たない微小なガに必ず食害されていることに着目し、このハナホソガこそがカンコノキの仲間の唯一の送粉者であることを突き止めた[43)]。

発見の詳細はこうだ。ハナホソガのメスは、まずカンコノキの雄花を訪れて花粉を自身の口吻に集め、次に雌花を訪れて花の奥に隠された柱頭に口吻を押し込み、能動的送粉を行なう[*2]。その直後、送粉した雌花に産卵し、卵から孵った幼虫は実る種子を食べて成長するのだ。せっかくハナホソガが送粉しても、種子を食害してしまうのではカンコノキ側にはメリットがないように思えるが、そうではない。ハナホソガの幼虫は1つの実の中にある6～12個の種子の

[*1] 本書では、人間の鼻で感じた感覚を「匂い」と表記し、それ以外は「香り」と表記することとする。ここでの香りとは揮発性物質と同義である。

[*2] ほとんどの送粉者が花を訪れるのは食料としての花粉や花蜜を得るためであり、その際に意図せずに体表についた花粉によって結果的に送粉が起こる（受動的送粉）。

うち一部だけを食べるにすぎないため、種子の大部分は無事に生き残り、カンコノキ側も繁殖に成功するという、驚くほど巧妙な送粉共生系なのである*3。

僕より1年先に加藤研に進学していた川北さんは、この加藤先生の発見をふまえて、コミカンソウ科のさまざまな系統に、この絶対送粉共生系が広がっていることを次々と明らかにした。彼はまた、このようなカンコノキとハナホソガのあいだの種特異的な関係がどのように進化し、また相互の種分化にどのように貢献してきたかを博士課程のテーマとして研究していた[44]。

そこに加わったのが、当時大阪教育大学の卒業研究生だった岡本朋子さんだ。岡本さんは、花の香りというまったく新しい切り口からカンコノキとハナホソガの絶対送粉共生系の研究を始めていた。この系で興味深いのは、ハナホソガに送粉を依存するカンコノキの仲間が、世界の熱帯域を中心に500種以上存在し、それぞれの種を送粉するハナホソガ属の種はすべて異なっているらしいということだ。カンコノキの仲間は、たとえば琉球列島でも同所的に複数種が自生することがしばしばあるが、そのような場所でもハナホソガはまちがえずに自身が送粉・産卵すべきホスト植物種の花を訪れる。そこには、カンコノキの仲間の花の、種ごとに異なる香りが関与しているのではないかと考えた岡本さんは、大学院で加藤真研に進学し、博士課程の研究によってこのことをみごとに証明した[45]。

このような経緯で、花の香りの分析のトレーニングを積んでいた岡本さんが研究室に加わったことで、僕自身もチャルメルソウ類の花の香りを調べたいと思うようになった。というのも、チャルメルソウの送粉者の調査をしていたとき、チャルメルソウの花から何と

*3　このような種子食昆虫が自身の繁殖のために能動的送粉行動を行ない、一方、植物側もその種子食者に繁殖を完全に依存する関係を、絶対送粉共生とよぶ。

もいえない独特の香りが放たれていることに気づいていたからだった。送り火で有名な京都市左京区の大文字山には、チャルメルソウの集団があり、春、頻繁にミカドシギキノコバエが花を訪れる（口絵3)。この時期は日によって寒暖の差が激しいが、とくに暖かい日の夕方はミカドシギキノコバエの活動が活発になる。ちょうどそのタイミングで、チャルメルソウの花からはチーズのような、あるいは新品のゴム靴のような、何ともいえない匂いが漂うのだ。当初は、この匂いがミカドシギキノコバエの好む香りにちがいないから、その正体が知りたいという単純な興味にすぎなかった。それで岡本さんに分析をお願いすることにした。

ここで、花の香りを調べる方法について少し紹介しよう。花の香りは、花から放出されると空気中に拡散してしまう。また、放出される量もそれほど多くないので、何らかの方法で濃縮しなければならず、取り扱いはなかなか一筋縄にはいかない。そこで花を密閉し、ポンプで花の周囲の空気を引っ張り、それを吸着剤を含んだガラス管に通して、香り成分を集めるのである（**図7.1**)。冷蔵庫の脱臭剤などに活性炭を使うことがあるが、これは活性炭が臭気成分を吸着するためであり、これと同様の性質のある素材が吸着剤として利用

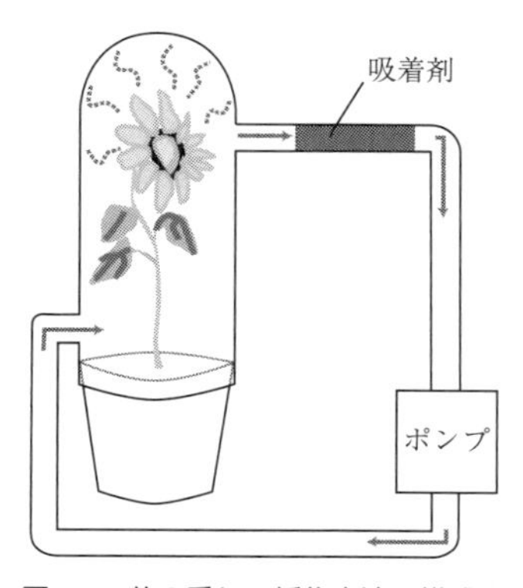

図7.1　花の香りの採集方法の模式図

できる。花を密閉するものは空気を通さないものなら何でも利用できそうだが、市販のビニール袋のようなものはそれ自体が複雑な臭気成分を多く含んでいるため使えない。分析すべき香りと混ざってしまって結果の読み取りを困難にしてしまうのだ。したがって、特別に匂いを出さない素材でできた袋（海外で販売されている加熱調理用のオーブンバッグという袋が使用できる）か、さもなければガラス容器を使う必要があるなど、なかなか厳しい制約があるのだ。なお、ひとたび吸着剤に香り成分を集めることさえできれば、これをエーテルなどで溶出して分析に用いることができる。

このようなノウハウはすでに岡本さんが習得済みであったので、さっそくチャルメルソウの花の香りを分析してもらった。すると、リナロール、ベータオシメンといったごく一般的な花の香り成分のほかに、岡本さんもあまり他の花では経験したことのない成分として、ライラックアルデヒドやライラックアルコールという物質が多く含まれていることが明らかになったのだった。これが、あの独特の花の匂いの正体なのだろうか。何かこの発見はとてもおもしろいことのような気がしたが、さりとてこれがどのような意味をもっているのかは、まだこの時点では僕にも岡本さんにもわからなかった。

7.2 チャルメルソウ節の交配前隔離の謎

『種の起原』。それは誰もが知るチャールズ・ダーウィンの著作物名であり、事実上の現代進化学の始まりを告げた言葉でもある。だが、ダーウィン自身をして種の起原こそが「謎の中の謎 mystery of mysteries」と述べているように、現代の進化生物学においてもいまだに最大の問題として残っているのが「どのようにして新しい種が生まれるのか」という問いなのだ。種の誕生、すなわち種分化こそが現在の生物多様性を形づくったメカニズムである。だから、このテーマこそは僕が心惹かれる生物学の真髄であるように思われる。

さて、研究を進めれば進めるほど、自分が見つめてきたチャルメルソウの仲間こそがこの種分化の問題に取り組むのにふさわしい研究材料だと感じるようになった。ここまで、東アジアに生育しているチャルメルソウ類、とくに14種からなるチャルメルソウ節の各種がどのような進化史をたどってきたか、またそれぞれの種の実態はどのようなもので、またそれぞれどのような生態的特性をもっているのかを研究し、明らかにしてきた。それは突き詰めれば、この目の前にある種、たとえばチャルメルソウやコチャルメルソウがなぜ現われたのか、なぜ他種とちがう姿形、生態をもっているのかということを知りたいがためであった。

異なる種が現に存在することに大きな意味などない、という考え方もありうるかもしれない。実際にチャルメルソウ節の多くの種は分布もせまく、ただそれぞれ地理的に隔てられたものが、たまたまちがう姿形をしていて、それぞれに別の名前が充てられているにすぎないという見方もあるだろう。しかし、第4章の研究で、チャルメルソウ節のそれぞれの種のあいだには大きな遺伝的断絶があることがほとんどで、また相互に雑種稔性の低下という生殖隔離（交配後隔離）があることも確認している。これは、チャルメルソウ節の各種は、ただ地理的に隔てられた個体群にすぎないのではなく、マイヤの定義した生物学的種、すなわち独立固有の進化史をもった単位として認識できるということだ。

このことに加え、僕は同じ場所にしばしば複数のチャルメルソウ節の種が共存していることに興味をもっていた。不思議なことに、実験的には簡単にできるはずの種間雑種（第4章参照）は、このような場所でも一部の例外を除いてめったに見つからない。とくに、コチャルメルソウとチャルメルソウ（口絵5）は、系統解析をしても相互の分化が不明瞭なくらい近縁な2種なのに多くの場所で共存しており、しかも相互にはほとんど自然雑種をつくらない。このことは、これら野外のチャルメルソウ節の種間で、花粉が雌しべにたどり着くより前にはたらく生殖隔離メカニズム（交配前隔離）があることを示している。

生物学的種概念によれば、相互に生殖的隔離がある集団が種である、ということを思い出そう。すなわち、種分化とは、生殖隔離の進化にほかならない。だから、この交配前隔離の正体こそがチャルメルソウ節の種分化の謎に迫る糸口になりそうだ[*4]。では、それはどのようなものなのだろうか。なぜ、これらの種は同じ場所にありながら、混じり合ってしまわないのだろうか。

7.3　キノコバエ類による送粉者隔離の発見

じつのところ、チャルメルソウ節の交配前隔離の正体には目星がついていた。それは送粉者に関係しているはずだ。植物の種間で送粉者が異なる場合、相互の花粉の移動が制限されるため、生殖隔離が成立する。「送粉者隔離」としてよく知られたこの交配前隔離のメカニズムだが、実際に植物の種分化の要因としてどれくらい重要かについてはよくわかっていない。なぜなら、植物の姉妹種すなわち最近に種分化した種のペアで、送粉者隔離が主要な生殖隔離機構としてはたらいている例はそれほど多く知られていないからだ[46)]。しかし、送粉生物学に魅せられて進化生物学の道に入った僕にとっては、植物の種分化の原因が送粉者隔離であるとしたら、これほど魅力的な話はない。

すでに第3章で紹介した研究で、チャルメルソウ節のほぼ全種に

[*4]　前のステージではたらくメカニズムほど生殖隔離全体に与える影響は大きい（後ろのメカニズムほど、新たに獲得されたときの隔離効果は割り引かれる）ため、量的形質としては一般に交配前隔離は交配後隔離よりも進化的影響が大きい。

ついて送粉者の調査を終えていた。そこから薄々気づいていたのは、どうやら種によってはっきり送粉者が異なるらしいということであった。チャルメルソウ節の送粉者となるキノコバエ類には、大きく分けて2つのタイプがあった（口絵3）。その1つは、キノコバエの仲間としては例外的に口吻が長く発達したミカドシギキノコバエ、そしてもう1つは、口吻の発達しないキノコバエ類である[54]。なお、前者は1種だけだが、後者には何種か含まれているようである。そして、チャルメルソウのようにミカドシギキノコバエだけがもっぱら訪れる種、一方でコチャルメルソウのように口吻の発達しないキノコバエ類だけが訪れる種、そしてモミジチャルメルソウのように両方が訪れる種があるようであった。つまり、もしも同所的に生育する2種が異なるタイプのキノコバエ類によって送粉されるとすれば、送粉者隔離は成立するはずだ。しかし、（ミゾホオズキ属の例[9, 10]のように送粉するのがハチドリか、ハナバチかというように、まったく異なるのならいざ知らず）キノコバエ類の種のちがいで生殖隔離が成立するなんて、そんな細やかなメカニズムがはたして現実にあるのだろうか。

そこで僕は、チャルメルソウ節の2種が同所的に見られる地点を3カ所選び、それぞれで訪花昆虫の観察を行なってみることにした。シコクチャルメルソウとトサノチャルメルソウが同所的に生育する徳島県美馬市、チャルメルソウとヤマトチャルメルソウが同所的に生育する三重県名張市赤目、チャルメルソウとコチャルメルソウが同所的に生育する京都府京都市貴船、と3カ所ではそれぞれ見られる種のペアが異なる。すると、いずれの場所でも例外なく、片方の種にはミカドシギキノコバエだけが、もう一方の種には口吻の発達しないキノコバエ類だけ訪花することが確認できたのだ（**表7.1**）。チャルメルソウ節では、送粉者となるキノコバエ類のちがいによる生殖隔離はたしかに存在したのだ！　しかも繰り返しになるが、京

表 7.1　同所的に生育するチャルメルソウ節２種へのそれぞれの送粉者の訪花回数

徳島県美馬市（2 時間の直接観察）

	ミカドシギキノコバエ	口吻の発達しないキノコバエ	その他
トサノチャルメルソウ（N=16）	0	6	0
シコクチャルメルソウ（N=13）	39	0	0

三重県名張市赤目（6 時間の直接観察）

	ミカドシギキノコバエ	口吻の発達しないキノコバエ	その他
ヤマトチャルメルソウ（N=15）	0	69	1
チャルメルソウ（N=18）	102	0	0

京都府京都市貴船（132 時間の自動撮影カメラでの観察）

	ミカドシギキノコバエ	口吻の発達しないキノコバエ	その他
コチャルメルソウ（N=1）	0	33	10
チャルメルソウ（N=1）	36	0	11

都市貴船で確認したペアの、チャルメルソウとコチャルメルソウは、これまでの系統解析の結果から遺伝的には区別が難しいくらい近縁な姉妹種でもあることがわかっている。両種は西日本の広い範囲で分布が重なっており、しばしば安定的な同所集団が存在する。つまり、送粉者隔離による種分化によって生じた姉妹種のペアに想定される「交配後隔離は不完全ながら送粉者隔離がほぼ完全なために野外で共存している」という条件を満たした系なのだ。これはたしかに種分化メカニズム解決の糸口になるかもしれない。

7.4　なぜ花を訪れるキノコバエ類は異なるのか？

そうすると、次に解き明かさなければならない問題はおのずと決まってくる。それは「なぜ、どのようなしくみで、ある種にはミカドシギキノコバエが、一方で、ある種には口吻の発達しないキノコバエ類が訪花するのか」という問題である。チャルメルソウ節の花はどれも色が地味で、視覚的なアピールは弱そうだ。すると、やはり花の香りが重要なのではないか。岡本さんがカンコノキの仲間で同様の問題に取り組んでいたこともあり、この考えに行き着くのは自然な成り行きだった。そこで岡本さんと協力して、チャルメルソウ節のうちアマミチャルメルソウとヒメチャルメルソウを除く全種について花の香りを調べることにした。

野外の数多くの植物から花の香りを採取し、研究のためのサンプルサイズを確保することは容易ではない。しかし、このときすでに僕のチャルメルソウ節の栽培株コレクションは、ほぼ全種、しかも多くの地域集団を網羅した計100株近くにも達しており、さらにコレクションを増しているところだった。これを使えば、すべて実験室内で花の香りを採取することができるのだ。なお、学生時代は共用の栽培スペースなどどこにもなかったので、研究室がある建物（京都大学吉田南二号館）の脇に植えられたイチョウの樹の下を勝手に占拠して、このコレクションを栽培していた。もしかすると、今ならもうこんなことは黙認されないかもしれない。

図7.2にチャルメルソウとコチャルメルソウの花の香りの分析結果をクロマトグラムで示した[*5]。ここで明らかになったことは、やはり種によって花の香りがはっきり異なるということだ。実際、鼻で嗅いでみても、チャルメルソウの花は先に述べたとおりチーズのような匂いがするのに対し、コチャルメルソウの花はもっと爽やかな匂いがするため、この結果は納得できる。ただ、これだけでは、ちがう種がちがう花の香り組成をもっている、という結果にすぎない。ちがう種なのだから、それぞれ形質がちがうのはあたりまえで

---

*5　分析方法が当時のものと異なるためデータは量的には若干異なるが、結論は変わらない。

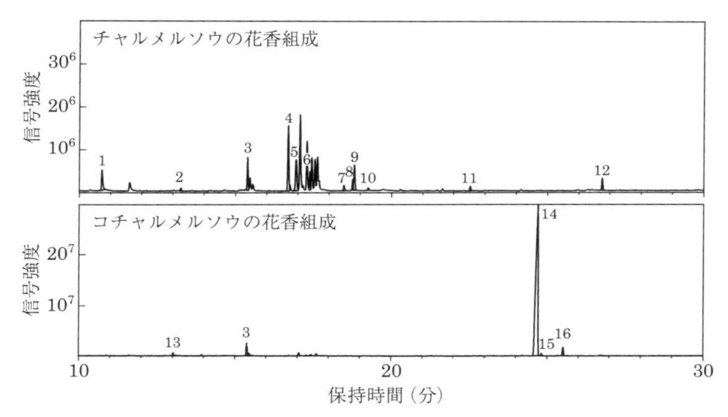

図 7.2 チャルメルソウとコチャルメルソウの花の香りの GC/MS 分析結果 [49)]
どちらも SPME 法によりサンプリングしたのち、Rtx-5SilMS カラムを利用して分離した。花香由来の物質名については、ピークの上に示した数字を参照のこと。1：2-ヘキセン酸メチル、2：(*E*)-ベータオシメン、3：リナロール、4：ライラックアルデヒド異性体 1、5：ライラックアルデヒド異性体 2、6：ライラックアルデヒド異性体 3、7：ライラックアルコール異性体 1、8:ライラックアルコール異性体 2、9:ライラックアルコール異性体 3、10:ライラックアルコール異性体 4、11:8-オキソリナロール、12:アルファファルネセン、13：ユーカリプトール、14：ベータカリオフィレン、15：カリオフィレン異性体、16：フムレン。

あろう。では、どうすれば、花を訪れる昆虫の特異性に花の香りが関係することを示すことができるだろうか。

そこで、チャルメルソウ節 11 種 2 変種で、花の香りを比較してみることにした。これらの種全体で 27 種類の花香物質が検出されたが、すべての種がバラバラの花の香りのパターンをもっているわけではなく、チャルメルソウのようにライラックアルデヒドを主要な花香成分とする種と、コチャルメルソウのようにリナロールを主要な花香成分とする種、そしてその中間的なものに大きく分けられるようだった。わかりやすくするため、花の香りの組成の類似度を二次元で表現した結果が**図 7.3** である。ここでのポイントは、すでに第 3 章の研究などで、これら全種について送粉者相を明らかにし

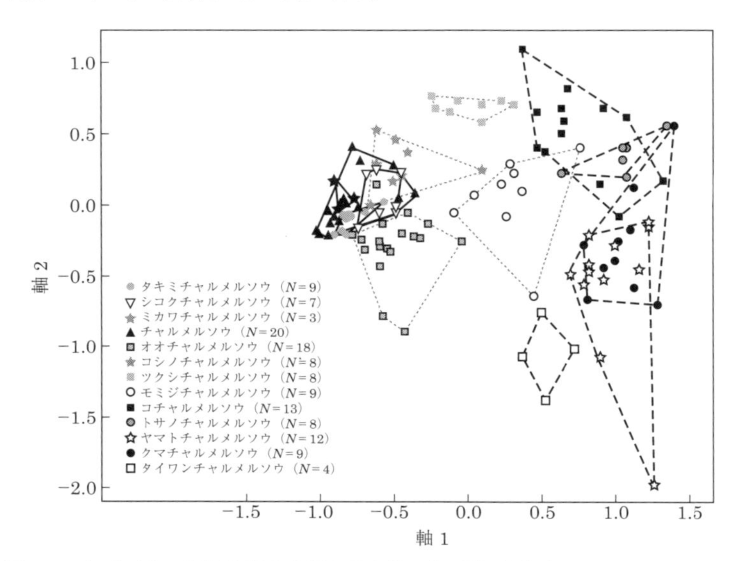

図 7.3　チャルメルソウ節 11 種 2 変種 128 個体の花の香り組成データを CNESS-NMDS 法により二次元にプロットした図

ミカドシギキノコバエだけに特異的に送粉される種の花の香りは左側（黒実線）に、口吻の発達しないキノコバエ類だけに送粉される種の花の香りは右側（黒破線）にそれぞれまとまっており、両方が送粉する種はそのあいだ（灰破線）に位置することがわかる。

ていたことだ。そこで、それぞれの種の送粉者相と花の香りの関係を見てみると、驚いたことにミカドシギキノコバエだけが訪花する種、口吻の発達しないキノコバエ類だけが訪花する種、そしてどちらも訪花する種に、それぞれ花の香りのパターンは対応していたのだ。これは、送粉者となるキノコバエ類を決めているのはやはり花の香りである、ということを“匂わせる”結果だ。とはいえ、この仮説を客観的な形で検証するにはどうすればよいだろうか。

7.5　切り札は高精度の系統樹

ここまでの結果から、「チャルメルソウ節 11 種 2 変種、それぞれの花の香りの組成は、花を訪れるキノコバエ類と対応している」ということがいえそうだ。しかし、この結論を得るうえで1つ大きな問題がある。それは種の系統関係の問題だ。進化の研究では、何らかの形質を種間で比較解析するというのはたいへん有用なアプローチである。たとえば今回の研究でいえば、花の香りを種間で比較し、そのパターンが形成される要因を送粉者との関係に求めようとしているわけだ。だが、この両者の関係は系統関係に起因するものにすぎない可能性がある。なぜなら、花の香りも、送粉者との関係も、系統関係が近いものほど似通っていて、系統関係が遠いものほど異なっているだけだとしても、両者は見かけ上、相関するはずだからだ（**図7.4**）。しかし、これは裏を返せば、系統関係の影響を考慮したうえでも、花の香り組成と送粉者とのあいだに関係があると示すことができれば、そのあいだの適応進化における因果関係を立証できるということでもある。そして、そのような解析手法は系統学的独立比較法として確立されている[47)]。

系統学的独立比較法とは、端的にいえば、系統関係の影響を排除したうえで、種間[*6]の形質の差を統計的に分析する手法である。ここでは詳細は説明しないが、この解析手法では系統樹をなぞる形で種間の形質比較を行ない、その系統樹のなかで起きた形質進化に何らかのパターンがあるかどうかを検討する。したがって、ある形質進化が系統樹のなかで繰り返し起きているような場合に、とくにその法則性を見いだすことができるしくみだ。なお、形質が進化する機会は系統樹上での種間の進化的距離に比例する（つまり、類縁が遠い種間ほど形質が分化するチャンスが大きくなる）、という想定が置かれている。

したがって、まずは精度の高い系統樹を得ることが不可欠である。

---

*6　厳密には操作的分類単位（operational taxonomic unit；OTU）で、種とは限らない。

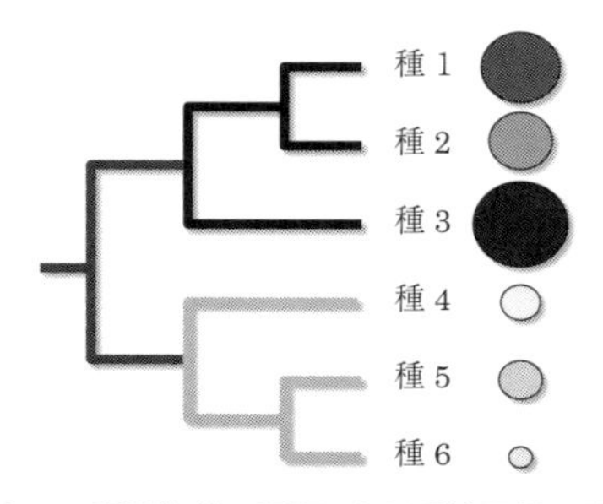

図 7.4　種間比較で問題になる系統関係の影響

思考実験として6種の想像上の生物の系統関係を示した。ここでは、それぞれの種の体サイズの大きさを丸の大きさで表わし、体色の濃さを色調で表現している。左側に示した系統関係を無視すれば、体サイズが大きいほど体色が濃いという関係がありそうに見えるが、実際には種1、2、3がそれぞれ近縁で体サイズが大きく体色が濃い傾向にあり、一方、種4、5、6がそれぞれ近縁で体サイズが小さく体色が薄い傾向にあるだけである。つまり、それぞれの種に見られる体サイズや体色は、種1、2、3の共通祖先と種4、5、6の共通祖先、それぞれの祖先形質を引きずった結果にすぎず、実際には体サイズと体色のあいだに進化的な相関は存在しないことになる。

さいわいなことに、第6章の研究で得られたデータがあったのでこの部分はすぐにクリアできた。今回は共通の倍数化イベントで生じたチャルメルソウ節だけを対象としているので、4つの遺伝子それぞれで重複している2つのコピーもすべて別の遺伝子として取り扱うことができる。これらの遺伝子に核 rDNA も合わせ、合計9つの核遺伝子座の情報を統合した結果、これまで得たものと比べてはるかに高精度なチャルメルソウ節の系統樹が得られた（**図 7.5**）。

得られた系統樹を見てみると、重要なパターンが見てとれる。それは、ミカドシギキノコバエを花に呼び寄せる性質も、ライラックアルデヒドを主成分とする花の香りも、繰り返し進化していることだ。しかも、種間での花の香りの組成のちがいは、種間の送粉者相のちがいには相関しているのに対して、意外にも系統樹上での種間の進化距離とは相関していないことがわかった。これは、花の香りの組成は系統的に近いからといって似ているわけではなく、やはり

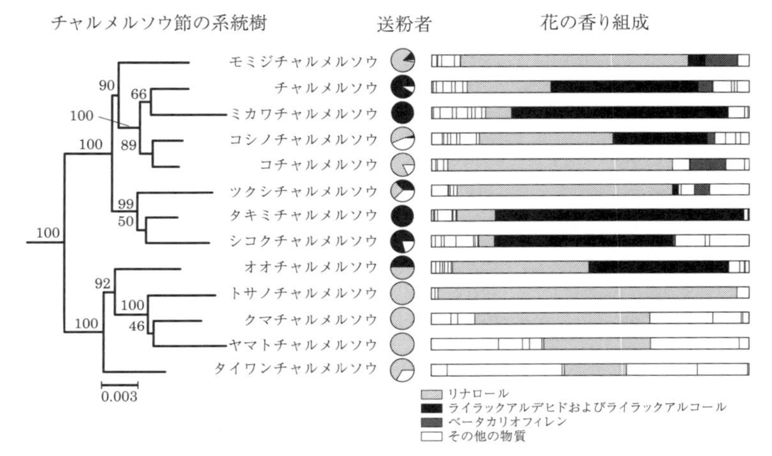

図 7.5 チャルメルソウ節 11 種 2 変種の核 9 遺伝子領域 8,082 塩基対を用いた高精度系統樹とそれぞれの種の送粉者および花の香り組成

送粉者は黒がミカドシギキノコバエ、灰色が口吻の発達しないキノコバエ、白色がその他。系統樹の枝の上の数値はブートストラップ法による枝の支持確率。

送粉者に対する適応進化の結果生じた形質であることを意味している。

そこで、花の香りに含まれる個々の成分について、送粉者相との関連があるかどうかを系統学的独立比較によって検討したところ、結果は期待どおりだった。ライラックアルデヒド、ライラックアルコール、ベータオシメンといった物質が花の香りに占める割合は、たしかにミカドシギキノコバエに対する送粉の依存度と相関していたのだ。一方、リナロールやベータカリオフィレンといった物質が花の香りに占める割合は、口吻の発達しないキノコバエ類に対する送粉の依存度と相関していた。27 種類もの物質について送粉者との相関を探ったので、多重比較の問題があることを考慮し、より厳しく結果をみても、やはりライラックアルデヒドの送粉者との相関は明瞭であった。つまり、ミカドシギキノコバエに送粉を頼るか、それとも口吻の発達しないキノコバエ類に送粉を頼るかには花の香りが関係しており、しかもライラックアルデヒドこそがその鍵となる物質であることを、少なくとも種間比較の結果から客観的に示すことに成功したのだった。

7.6　ライラックアルデヒドのはたらきを調べる

このように、チャルメルソウ節11種2変種の花の香り組成と送粉者相の相関を調べた結果、送粉者の特異性を決める形質の有力な候補として、ライラックアルデヒドが特定できた。2003年に初めてチャルメルソウの花の香りを調べ、その主成分として知ることになった物質である。

この研究は岩手時代に、遺伝学の分野でゲノムワイド連関解析（GWAS）という手法が一般的になっていることを知り、その考え方を自分の研究にも取り込めないかと考えて生まれたアイデアだ。ゲノムワイド連関解析とは、形質と遺伝的多型の相関をみることで、形質を支配する遺伝子を特定する研究手法である。ここでは、ゲノム全体の膨大な遺伝的多型（ふつうは一塩基多型SNP）を自然集団の複数個体で解析し、また同時にそれぞれの個体の形質も比較するが、この場合も解析対象の個体間の関係に近縁なものと遠縁なものがあることが問題になる（この場合、系統関係とはよばず、遺伝的構造とよぶ）。したがって、単純な相関がとれないため、この遺伝的構造の影響を排除する必要があるという点で、系統学的独立比較を行なう場合と状況はよく似ているのだ。

いずれにせよ遺伝学の研究では、連関解析で特定された候補遺伝子は最終的に機能を証明することがゴールであり、それを達成しなければ完結した研究とはなかなか認められないようだ。このような研究文化にふれていたので、僕はライラックアルデヒドについても、ただ送粉様式との進化的な相関をとるだけで終わらず、きちんと送粉者へのはたらきを突き詰めたいと思ったのだった。

ライラックアルデヒドのような化学物質が、ある生物にどのような効果をもつのか、を直接調べる実験を総称してバイオアッセイとよぶ。当然ながら、バイオアッセイには効果を調べたい化学物質そのものと、それが効果を及ぼすであろう相手、すなわち生きた生物個体が必要になる。今回の研究についていえば、ライラックアルデヒドとキノコバエ類ということになるが、困ったことにどちらも入手が困難であった。まず、ライラックアルデヒドは工業的に生産されておらず、試薬として購入することができない物質であることを知った（2018年現在においてもこの状況はまったく変わっていない）。次に、キノコバエ類だが、これらはその生活史がまったく明らかでなく、飼育・増殖方法はいっさい不明であった[*6]。

ところが、入手困難なライラックアルデヒドについては岡本さんが突破口を開いてくれた。曽田香料という会社がライラックアルデヒドの人工合成法に関する特許を取得していることをインターネット上の情報から見つけだし、電話で問い合わせたところ、何とそのときに試作された試料を無償で提供してもらえることになったのだ。この千載一遇のチャンスを逃すわけにはいかない。

では、キノコバエ類の確保はどうするか。簡単に思いつくのは、花にやってくる虫を片っ端から捕まえるやり方である。これまで訪花を確認するだけでも苦労していたこの昆虫を、しかも生かしたままで、行動実験に使って統計解析できるほど集めることを考えれば、本当に実現可能なのかかなり怪しかった。しかし躊躇していても仕方ないので、補虫網を携えてチャルメルソウが咲く早春の京都市の

*6　こちらも2018年現在、飼育・増殖が困難である状況は変わっていないが、生活史については幼虫が蘚苔類食であるということが新たにわかってきた[54]。

貴船や大文字山に赴くことにした。血眼で花に止まっているキノコバエを探しまわった結果、訪花が集中する昼過ぎから夕方にかけて3時間くらい頑張れば、20匹程度は捕獲できることもあり（気候が悪い日は数匹にとどまることもよくあったが）、努力すれば何とかなりそうだとわかったのである。

なお、貴船や大文字山のような観光地で網を振りまわしていると、必ず観光客や住民から「何を採っているのですか。何か珍しい虫がいるのですか」と尋ねられる。こちらも毎日アッセイに使う個体数のノルマを達成しなければならず、一人ひとりにていねいに答えている余裕はなかったので、最初の返事はこのように決めていた。「ハエです」。おもしろいことに、そう答えると9割の人は関心をなくして去ってゆく。もちろん、それでも興味をもってくれる人には、遠慮なくとうとうと熱くキノコバエとチャルメルソウの関係について語るのであった。

一日頑張って20匹はそれほど悪くない効率とはいえ、実験にはこれらの昆虫が100匹かそれ以上は必要だ。岡本さんや他の人にも手伝ってもらいながら、人海戦術でとにかく「キノコバエ漁」を繰り返した。捕まえたキノコバエは1匹ずつ50 ml容量のプラスチックチューブに入れ、刺激しないように速やかに持ち帰り、活きがいいその日か翌日のうちに実験に使用しなければならない。もともと寿命が短い昆虫なのだろうか、採集してきたキノコバエは数日で、悪いときにはその日のうちに死んでしまう。この実験のためにいったい何匹のキノコバエたちを犠牲にしただろうと考えると、罪深さを感じるほどだ。

そうした準備を経て行なったバイオアッセイのやり方はこうだ。Y字管、つまり二又に分かれたガラスの筒を準備し、二又の片側には効果を検証したい物質を置き、もう片側には何も置かない[*7]。このY字管に昆虫を放し、二又のどちらに向かって動くかを見るこ

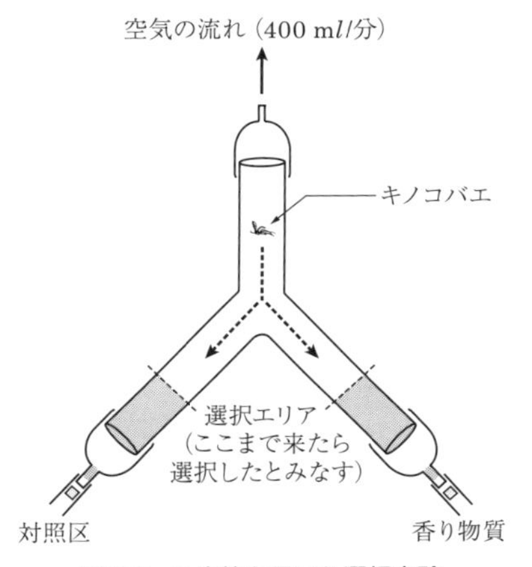

図 7.6　Y 字管を用いた選択実験

とで物質に対する昆虫の反応を調べる（**図 7.6**）。このＹ字管による選択実験は、岡本さんがハナホソガの研究で使っていた実験系の流用だった。しかし、ハナホソガはよく歩いて移動する昆虫だったのに、キノコバエ類は基本的に飛んで移動するなど勝手が大きくちがい、実験を軌道に乗せるのは大変だった。きちんと二叉のどちらかを選択させるという試行の数をかせぐのは困難をきわめ、けっきょく、データを集めるのに３年もの月日を要した。

苦労した選択実験の結果はしかし、やや期待はずれなものだった。ミカドシギキノコバエはきっとライラックアルデヒドの側を選択するだろうと予想していたのだが、そういう結果は得られなかった。ただ、口吻の発達しないキノコバエ類はライラックアルデヒドのない側を選択することが明らかになった（**図 7.7**）。花の香りにライラックアルデヒドを含まない種を主として送粉するこれらの昆虫は、どうやらライラックアルデヒドを忌避しているということらしいの

---

*7　実際には香り物質を希釈した溶媒だけを対照区とする。

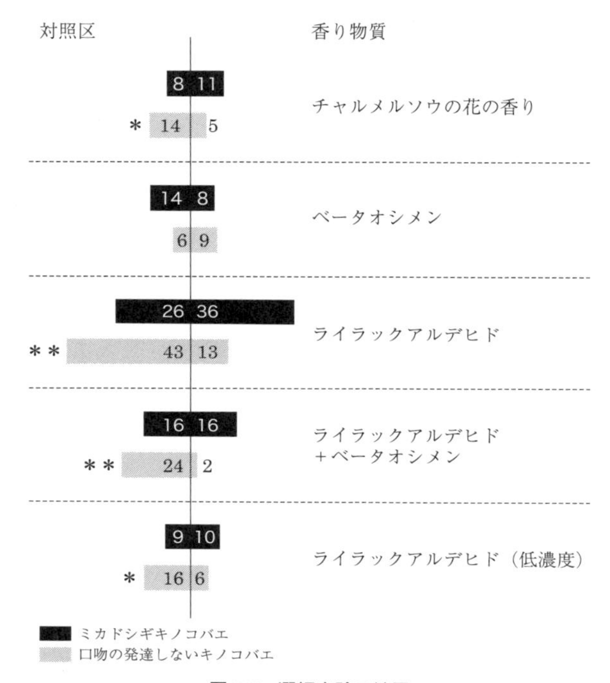

図 7.7　選択実験の結果

口吻の発達しないキノコバエ類は、ライラックアルデヒドを含む花の香りの側を一貫して避けることがわかる。一方、ミカドシギキノコバエは、とくにそのような選択性を示さない（＊：$p < 0.05$、＊＊：$p < 0.001$）。

だ。チャルメルソウにミカドシギキノコバエばかりが訪れ、口吻の発達しないキノコバエ類がけっして訪れない理由はこのあたりにありそうだ。

しかし、このバイオアッセイ中に、もう１つ予想外のおもしろい発見があった。選択実験のためにＹ字管にミカドシギキノコバエを入れ、高濃度のライラックアルデヒドを二又の一方から流すと、ミカドシギキノコバエはおもむろに何もないはずのＹ字管のガラス壁面に口吻を伸ばし、しきりに舐めはじめたのだった。あたかも

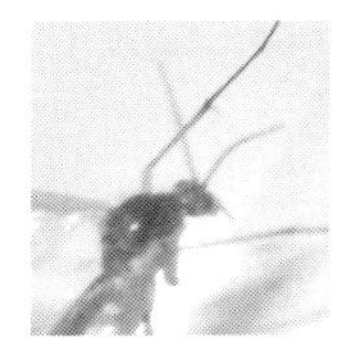

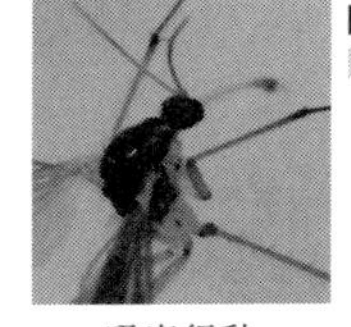

図 7.8　ミカドシギキノコバエの吸蜜行動の誘導

高濃度ライラックアルデヒドのみ（ベータオシメンを加えても）、ミカドシギキノコバエの吸蜜行動を誘導していることがわかる。統計解析の結果は、高濃度ライラックアルデヒドをミカドシギキノコバエに与えた場合とそれ以外とで比較していることに注意されたい（＊：$p < 0.05$、＊＊：$p < 0.001$、NS：有意差なし）。

そこに甘い蜜でもあるかのような、しかしそれよりもっと強い衝動に突き動かされるような奇妙な行動であった。そこで、口吻の発達しないキノコバエ類についても同じ実験を行なってみたが、このようなガラス壁面舐め行動はほとんど観察されなかった。また、他の物質や低濃度のライラックアルデヒドでも同じことを試してみたが、これにはミカドシギキノコバエは反応しなかった。つまり、高濃度のライラックアルデヒドは強力な吸蜜刺激としてはたらいているらしいのだ（**図 7.8**）。

バイオアッセイの結果をまとめると、ライラックアルデヒドには2つの異なるはたらきがあるということになる。1つは口吻の発達しないキノコバエ類を忌避させる効果、そして、もう1つは高濃度下でミカドシギキノコバエの吸蜜を促す効果だ。これはとても画期的な結果である。なぜなら、ライラックアルデヒドがある送粉者には嫌われ、ある送粉者には好まれるとすれば、この1種類[*8]の物質の有無こそが、先にあげた問い「なぜ、ある種にはミカドシギキノコバエが、また、ある種には口吻の発達しないキノコバエ類が訪花するのか」の答えに関係する可能性が出てきたからだ。

そして、この結果からは、いちばん知りたかったチャルメルソウ類の種分化のシナリオも導き出せるのだ。つまり、たとえば、もともとミカドシギキノコバエに送粉されていた祖先種からライラックアルデヒドを失ったものが生じると、ライラックアルデヒドを忌避するキノコバエ類が訪れるようになり、一方で、ミカドシギキノコバエは訪れなくなるだろう（図7.9）。これによって、チャルメルソウとコチャルメルソウのような、送粉者のちがいによって生殖隔離が成立している2種が生じうるというわけだ。もちろん、このシナ

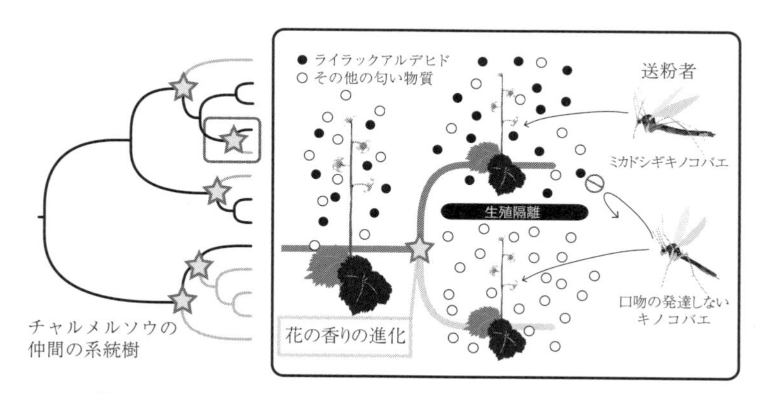

図7.9　チャルメルソウ節で繰り返し起きた生殖隔離の進化の模式図
口吻の発達しないキノコバエ類を誘引する未特定の花の香り物質（白丸）をここでは想定している。このような進化は、チャルメルソウの仲間で5回繰り返し起き、種分化をひき起こしたと考えられる（左）。

*8　正確には4種類の立体異性体を含んでいる。

リオにはまだ証明されていないいくつかの仮定が含まれるが、花の香りの変化が送粉者の転換を促し、生殖隔離の進化につながったという仮説が支持される結果であるといえるだろう。そして、このような花の香りとそれに伴う送粉者の変化は、チャルメルソウ節のなかで少なくとも5回繰り返し起きたと考えられる（図7.9左参照）。これは14種が生じた種分化イベントの約3分の1にものぼる。つまり、これはチャルメルソウ節の主要な種分化メカニズムたりうるのだ。

7.7　産みの苦しみ

ここまで紹介してきたように「花の香り組成の変化が種分化につながりうる」という今回の研究成果は、10年以上の長きにわたってチャルメルソウ類を研究してきた知識の集大成ともいえるものだ。チャルメルソウの仲間がキノコバエ類に送粉されていたという芦生の森での小さな発見が、ついには植物の「種の起原」という大きなテーマにつながったことに僕は興奮していた。毎回、論文を執筆するにあたっては、その研究内容にひとかたならない思い入れを抱いてしまう僕なのだが、そのなかでもこれほどの重要な研究成果は、やはり然るべき大きな舞台で発表したかった。

そこで最初の投稿先は、かの有名な科学雑誌 *Science* を選んだ。*Science* や *Nature* という科学雑誌は、論文を発表するメディアとしてはかなり特殊である。たとえば厳しい字数制限があるため、ふつうの論文では考えられないくらい短い文字数で論文をまとめることや、専門外の読者にも研究がどのように興味を惹きうるかを説明することなど、投稿段階に要求される独特のハードルが多くあるのだ。これは、ときに論文そのものを書く労力に匹敵するほど困難な作業で、おまけに投稿した論文原稿が実際に掲載される確率は8%

未満とされている。この「参入障壁」のため、どんな研究成果でもこれらの雑誌に投稿しよう、とはならないのである。しかし、自分の発見に自信をもっていた当時の僕にはそんな苦労は物の数ではなく、知り合いのアメリカ人研究者何人かにも草稿を読んでもらい、*Science* 用に原稿を書き上げ、いざ投稿に挑んだ。

しかし、ここからが苦労の始まりであった。まず、*Science* からは投稿後たった５日であえなくリジェクト（掲載拒否）の返事。論文は査読されることもなく、*Science* 用に準備した努力はすべて無に帰したのだった。懲りずに *Nature* にも投稿してみたが、こちらはさらに短く、１日も経ずに掲載拒否。これは編集部があるロンドンまでの往復距離を計算すれば、超音速で返事が来たことになる。ひき続き、*PNAS*、*Nature Communications*、*Current Biology* といった有力誌に、論文の体裁を逐一変更して挑戦してみたものの、すべて査読にもまわることなく敗退したのだった。いろいろと敗因は考えられるのだが、一言で今振り返れば、やはりこの研究に対する自己評価が、世間の評価に対して高すぎたのだろう。植物の種分化というテーマ自体、誰もが（残念ながら）関心をもつテーマとは言いがたいうえに、やはり種分化の原因を実証したというにはまだ証拠が不十分であることは認めざるをえない。加えて、チャルメルソウとキノコバエという、まったく知られていない研究システムであったこともインパクトが弱い原因であっただろう。この問題に関しては、チャルメルソウの研究？ と鼻で笑われたときから依然として大きく状況は変わっていないのだった。

しかし、この研究をおもしろいと言ってくれる人はたくさんいるし、何より自分にとってこれほどおもしろい成果はない。気を取り直して、こんどこそ受理されるだろうと科学雑誌として伝統ある英国王立協会紀要に投稿した。しかしさらなる苦労はつづく。このときはさすがに査読にまわって建設的なコメントがついたのだったが、

2人の査読者の評価は割れてしまった。結果、やはり掲載不可となってしまったのだ。それならばと次に、アメリカ進化学会誌 *Evolution*、英国王立協会生物学短報誌 *Biology Letters*、*New Phytologist* と次々に投稿したが、すべて評価が分かれて掲載不可となってしまった。ここまでで、すでに最初に *Science* に論文を投稿してから、なんと1年半もの月日が流れていた。

これまで書いてきたように、この研究は、花香分析、野外での送粉者の調査、系統樹を用いた種間比較、昆虫の行動実験と多岐にわたる研究手法にまたがっていたので、そこに対する批判も多岐にわたり、そのいずれかの穴が気になる査読者は厳しい評価を下すようだった。今回のように多分野の研究手法を組み合わせた研究は、研究をまとめ発表する段になっても、ものすごい苦労を伴うのだとこのとき心底思い知らされた。これはたとえば第6章の遺伝子解析一本の研究では、拍子抜けするくらい論文公表がスムーズだったこととは対照的である。

さて、厳しい査読者のコメントのなかでも個人的に“痛い”指摘で、しかも複数の査読者でしばしば一致していたのが、バイオアッセイに関する評価であった。たしかに、この実験はかなり不自然な状況で行なっているので、昆虫の自然な反応をとらえることができているかという点については、僕自身もやや自信をもてていなかった。もう1つ、実験に用いた昆虫は野外で花をすでに訪れているものなので、学習の効果が排除できていないのではないかという指摘もあった。これもキノコバエ類の生活史がまったくわかっておらず、飼育技術を確立することができない以上、どうしようもないことであった。ただ、学習の結果かどうかはわからないものの、ライラッククアルデヒドによってキノコバエ類の行動が支配されているという点については揺るがないだろう。個人的には、ミカドシギキノコバエの吸蜜行動が強制的に誘導されることについては、反射的なもので学習の結果ではないように見えたし、口吻の発達しないキノコバエ類がライラックアルデヒドを忌避するという結果も（後天的に忌避する理由がないので）学習の結果だとは考えにくいのだが、未学習の個体を使っていない以上、これを強く主張することはたしかに難しい。

自信満々で送り出した論文原稿がなんども繰り返し論理的に批判され、なかなか世に出せないというのはなかなかのトラウマ体験である。今、本章を執筆するにあたって過去の査読コメントを読み返してみると、当時の苦労が蘇ってきて吐き気を感じてしまったほどである。しかしそんななかにあっても、少なくとも一方の査読者は研究をすばらしい、おもしろいと言ってくれていたのは大きな励みであった。

精神力を削り、研究に対する自信を消耗しながらも、粘り強く論文の修正をつづけた。ただ、批判が集中したバイオアッセイについては、査読者にもう少し結果を信用してもらえるよう何らかの新たな根拠がほしいとも考えた。そこで、ここにきて、査読者のひとりが提案してきた追加の実験を行なうことにした。これはガスクロマトグラフ触角電位検出（GC-EAD）実験といって、調べる昆虫の新鮮な触角を電極に接続し、ガスクロマトグラフィーで分離した花香物質をその触角に当て、触角がそれを知覚すればそれが電位の変化で確認できるというものだ。岡本さんはこのときすでに博士号を取得し、たまたま僕の職場と同じつくば市内にある森林総合研究所に就職していたのだが、岡本さんの同僚、所雅彦さんがこの手法に明るかった。そこで所さんの協力によってこの実験を行なうことができ、ミカドシギキノコバエの触角はやはりライラックアルデヒドに特異的に反応することが示されたのだった（**図 7.10**）。もちろん、行動で反応するのだからあたりまえの結果といえばそのとおりなのだが、まったく独立の証拠を提示できたことで、より研究結果の信

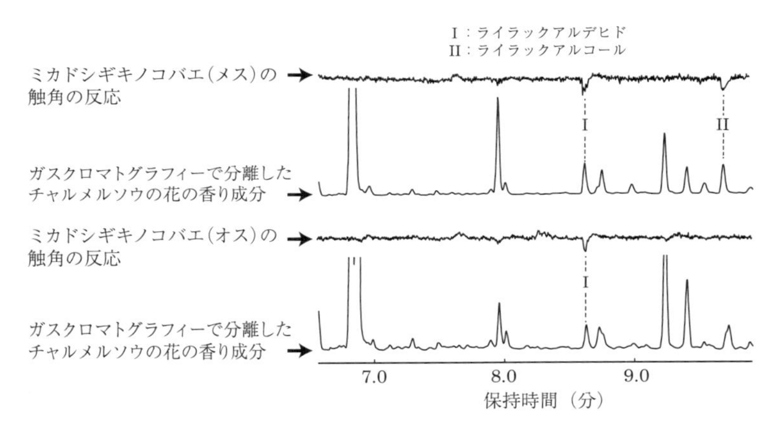

図 7.10　ミカドシギキノコバエの触角とチャルメルソウの花の香りを用いたガスクロマトグラフ触角電位検出（GC-EAD）実験の結果

ライラックアルデヒドおよびライラックアルコール（メスのみ）に触角が特異的に反応していることがわかる。

頼度を高めるデータになったのはまちがいない。

こうして大幅な研究データの追加を経て、最終的に論文はヨーロッパ進化学会誌 *Journal of Evolutionary Biology* に掲載された[48]。これまでのチャルメルソウ類に関する研究で最もすばらしい成果と今でも信じている内容だけに、当初望んだ投稿先でなかったことにはやや悔いは残るが、ついに論文が受理されたときの感動は筆舌に尽くしがたいものだった。この論文を査読した専門家は延べ 12 人で、その査読コメントをすべて集めると 1 万語にのぼった。これは標準的な長さの論文 2 本分である。投稿当時は地団駄踏んだ彼らの批判だったが、これらに真摯に向き合ったおかげで、よりよい形で研究発表ができたと今は心から感謝している。

第8章 多様な花が生まれる瞬間

8.1 花の香りの進化遺伝学

花の多様性には想像もつかないような送粉共生の姿が秘められている。そう知ったことが、僕が植物に、なかでもとくに花に心惹かれるようになった原点であった。それで始めたチャルメルソウ類の一連の研究から、送粉共生の変化が、とくに送粉者隔離というメカニズムによって種の多様性を生み出しうることを学んだ。僕がたどり着いたのは、進化生物学最古のテーマでもある「種の起原」という最も挑戦的な問題だった。そしてついに、ここでの種分化メカニズムの正体はライラックアルデヒドを含む花の香りの進化であるという有力な仮説を得た。「新しい植物の種が生まれる瞬間、そこには花の香りの進化があったのではないか？」これは挑むに値する大きな問いだ。

本書執筆の話をいただいた当初の構想では、この問題について解き明かした研究成果もここで紹介するつもりだった。しかし、この問題について核心に迫るデータがそろいつつあるものの、残念ながらその論文発表は本書には間に合わなかった。そこで最後に、僕がこのテーマにどのように取り組んでいるのかを少しだけ紹介したいと思う。近い将来、その成果の全貌を公表できるはずだが、本書ではこの肝心な部分が消化不良になってしまったことをご容赦いただきたい。

改めて述べるまでもないことかもしれないが、種分化は過去に起

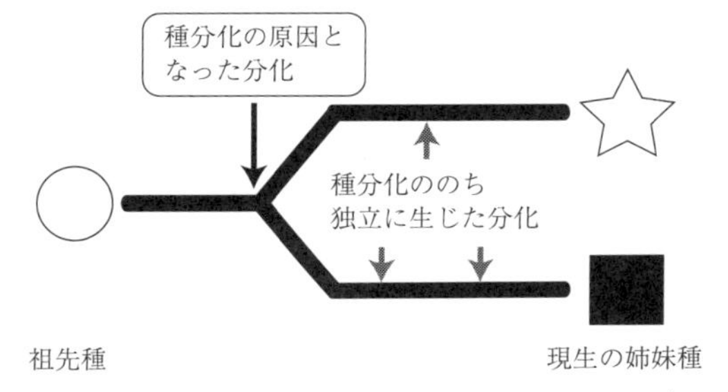

図 8.1 姉妹種の遺伝的・形態的分化が生じるメカニズム
本当に知りたいのは種分化の原因となった形質の分化だが、現在見られる姉妹種間のちがいには、種分化ののち、それぞれの系統で独自に蓄積した分化も多く含まれており、両者を区別して種分化の原因となった形質を特定するのは困難である。

きた進化イベントであり、それがどのようなしくみで起きたかをさかのぼって解明するのは容易なことではない。現在、見ることができる種間の差異は、種分化のきっかけとなった遺伝的分化によるものだけでなく、種分化のあと両種が別々の進化の歴史を歩むことになったために生じた差異も含まれている。したがって、そのなかからどれが種分化のときに生じた差異であるかを特定するのは困難だ(**図 8.1**)。それでも、まずすべきことは、(最も差異が少ないはずの)最近種分化した種のペア、すなわち姉妹種を選定し、それを種分化研究のモデルとすることである。チャルメルソウ節においては、この研究モデルにふさわしい姉妹種の選定は完了していて、コチャルメルソウとチャルメルソウ[*1]であるのは明らかだ。どちらも日本では最も広く分布するチャルメルソウ節の種であり、しかもチャルメルソウが分布する東海地方以西では、より広い分布域をもつコチャルメルソウとおおむね共存している(**図 8.2**)。それにもかかわらず、両種は送粉者が異なるために(口絵 3)めったに雑種をつくる

*1 ここでは変種のミカワチャルメルソウも含む。

図 8.2　チャルメルソウとコチャルメルソウの分布の重なり

ことがなく、生殖隔離がはっきりしていることはすでに第７章で紹介したとおりである。それだけではない。この２種は、種認識に最も有用だった核 rDNA を用いても（第４章参照）、遺伝的には区別できないほど近縁である。つまり、それほどまでに似ているこの両種のちがいがいったいどこにあるのかを明らかにすれば、そこに種分化のきっかけとなった遺伝的分化も含まれているはずなのだ。

そして花の香りのちがいは、交配前生殖隔離の原因となりうることが第７章の研究でわかっているので、種分化のきっかけとなった形質としては、目下最有力候補だというわけだ。そうすると、「花の香りが分化したことが種分化のきっかけになった」という仮説を証明するために必要なのは、花の香りの分化をひき起こした遺伝的変異が特別なものであるという証拠である。そして、そのためには、花の香りの分化をひき起こした原因遺伝子を解明する必要があるのだ。

そこで、コチャルメルソウとチャルメルソウ両種について、花で発現している遺伝子を網羅的に調べあげるという解析（トランスクリプトーム解析）を行なっている。僕は岩手時代に、寺内さんの研究グループが開発した、非モデル生物でもトランスクリプトーム解析を容易に行なう技術（SuperSAGE法[50]）に触れていたため、やや早い時期からこの手法を取り入れることができた*2のは幸運だった。それで研究を進めてきたところ、花の香りの生合成に関係する遺伝子にはとてもおもしろい特徴があることを知った。それは、実際に香りを放っている花では、これらの遺伝子の発現量が際立って高いことである。これは、花の香りは放出されるとどんどん失われてしまうため、恒常的に香りを保つためには生合成をつづけなければならないためだと思われる。

このように、発現量が突出しているという特徴があったので、目当ての遺伝子の候補を絞り込むこと自体は思ったほど難しくないかもしれないとわかってきた。そして、もう1つおもしろいことに気づいた。特定した花の香り物質の生合成遺伝子の候補をクローニングし、大腸菌に組換えタンパク質をつくらせれば、試験管内で物質生合成を再現できるのだ（**図8.3**）。つまり、目当てのものと疑われる遺伝子の塩基配列が得られれば、それが直接どの花の香りをつくっているのか（あるいはつくっていないのか）が検証できるということだ。分析にも特別な機器や技術が必要なので、取っつきにくい

---

*2 これは超並列シーケンサーが普及した現在ではさして珍しい手法ではないが、僕が博士号を取ってこの手法を検討しはじめたころは、チャルメルソウのようなゲノム情報がまったく整備されていない典型的な非モデル生物でトランスクリプトーム解析を行なうことはあまり現実的でなかった。技術革新による“研究常識”の変化スピードには目を見張るばかりである。

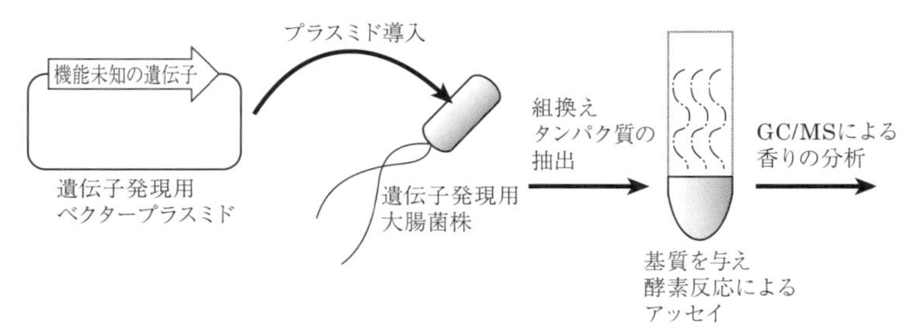

図 8.3　組換えタンパク質の利用による花の香り物質生合成遺伝子の機能解析
テルペン合成酵素などいくつかのタイプの遺伝子では、物質生合成の基質が決まっており、試験管内で香り物質をつくらせて調べることができる。

花の香りの研究だったが、遺伝子解析まで視野に入れると、予想外に扱いやすく広がりがあるテーマだということがわかってきた。それにしても、花の香りが共生相手である昆虫に対する信号として備わった形質だとすると、送粉共生の多様性が多種多様な花の香り物質のレパートリーとして反映されており、それがゲノムに塩基配列情報として書き込まれているわけだ。そのはたらきを逐一実験的に調べあげることができるなんて、なんとも夢の広がる話ではないか。

8.2　比較ゲノム解析

コチャルメルソウとチャルメルソウの花の香りのちがいを決める遺伝子を特定することと同時に、もう1つ明らかにしなければならないのは、そもそも、とても近縁な両種のどこがどのようにちがうのか、という問題だ。奇妙なことに、遺伝的にきわめて近縁なはずのコチャルメルソウとチャルメルソウは、形態的には差異が著しい(口絵5)。実際のところコチャルメルソウは他に似たもののない独特な花形態をもった種で（**図 8.4**)、しかもチャルメルソウとは花に限らず葉の形態から地下茎が匍匐(ほふく)する性質まで、ありとあらゆる形

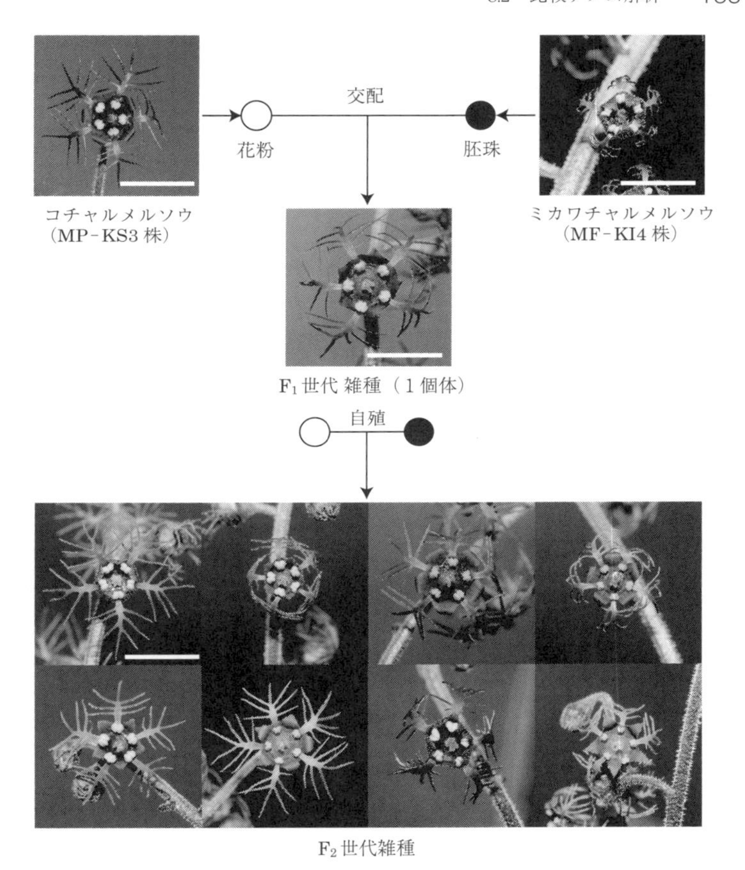

図 8.4 QTL 解析のためのコチャルメルソウとミカワチャルメルソウの交配実験
F_2 世代では花の形態がさまざまに分離していることがわかる。

質において異なっている。

両種がどのようにちがい、またそのちがいが何に起因するのかを理解するには、遺伝学の定石である QTL 解析が有用だ。QTL 解析とは、遺伝マーカーと形質の連鎖関係から、形質のちがいを支配している遺伝子領域を特定する手法である。このためには、異なる形質をもつ生物どうしを掛け合わせ、その交配によって生じた後代系統を利用する。そこで僕は試行錯誤の末、岐阜県で採取したコチャルメルソウとミカワチャルメルソウの株を掛け合わせ、雑種第2世代（F_2）を222個体得ることに成功した[51]（図8.4参照）。なお、ここでも第4章であらゆる組合せの掛け合わせ実験をしていたことが役に立った。これらの個体すべてで、花の香りはもちろん、花の形態、開花期、1つの花序につく花の数など、コチャルメルソウとチャルメルソウのちがいに関係するあらゆる形質を測定している。それと同時に、ゲノム全体を網羅する形で遺伝マーカーを得ることができるRAD-seq[*3]といった手法を用いることで、これらの形質のちがいがどのような遺伝子領域に支配されているかについても明らかになってきている。

そして、もう1つ、両種のどこがちがうのかを根本的に明らかにするためにやはりどうしても知りたいのが、全ゲノム配列だ。予備的な解析を行なった結果、コチャルメルソウやチャルメルソウのゲノムサイズは当初のもくろみに反して1.5 Gbp程度とけっして小さくないことがわかったが、最近の技術革新のようすをみるに、まったく歯が立たないゲノムサイズというわけでもない。その遺伝的な近さに反して著しい両種の形態的差異は、両種のゲノム配列比較からどのように理解できるだろうか。これらの差異は、やはり種分化と密接にかかわっているのだろうか。それとも、それぞれの種が独自の進化の道を歩んだあとで生じた差異なのだろうか。そして、両種のゲノム配列のちがいは、花の香りを支配する遺伝子でやはり際立っているのだろうか。興味は尽きないが、これらの問いについて

---

*3　restriction-site associated DNA sequencingの略で、次世代シーケンサーを用いることで、特定の制限酵素で切断されるDNA領域の近傍だけを多くのサンプルで並列に塩基配列決定し、遺伝的多型を見いだして遺伝マーカーとする手法である。

もいずれ答えが得られるだろう。

チャルメルソウやコチャルメルソウの全ゲノム配列を得ることで、個人的にもう１つとても知りたいことがある。それは、チャルメルソウ節の共通祖先で起きた異質倍数化が、ゲノム構造に、そして形質進化にどのように影響しているか、という問いである。テリマ・グランディフロラ系統のサブゲノムとタカネチャルメルソウ系統のサブゲノムの両方がチャルメルソウ節全種の異質４倍体ゲノムに含まれているのは、すでに第６章で明らかにしたとおりだ。この大きく異なる２倍体祖先系統に由来するサブゲノムが、それぞれチャルメルソウ節の多様化、適応進化にどのように寄与しているのだろうか。

じつは、チャルメルソウのライラックアルデヒドを含む花の香りや性的二型といった形質は、テリマ・グランディフロラと共通している一方、コチャルメルソウの栄養繁殖する匍匐茎を出す形質はタカネチャルメルソウと共通しているのだが、これはおそらく偶然ではない。しかも、これらの形質はいずれも、チャルメルソウ節で繰り返し進化しているのだ。これら２倍体種も含めた比較ゲノム解析を前述のQTL解析と組み合わせれば、これらの興味深い形質を支配する遺伝子領域が予想どおり、このそれぞれのサブゲノムと関係しているのかどうかもはっきりするだろう。

8.3　新たな研究モデルへの展開

本書ではけっきょくのところ、ここまで第５章でイネの研究を紹介したほかは、一貫してチャルメルソウ類の研究について紹介してきた。これはまったく未開拓であったチャルメルソウ類という植物のおもしろさを一つひとつ見いだし、そこに秘められた進化の謎をひも解いていく着実な営みであったと自負してはいる。しかし一方で、植物の種分化のしくみ、すなわち「多様な花が生まれる瞬間」を解き明かしたい、という大きな目標の前では、これは依然としてとても小さな一歩でしかない。仮にチャルメルソウとコチャルメルソウの種分化のメカニズムを明らかにしたところで、それは特殊な一事例にすぎないのではないだろうか。そのような疑念はつねに頭の片隅に残ったままだ。

ただ、種分化のメカニズムとして花の香りに着目し、その進化遺伝学的解析という研究手法上の突破口を得たことはひとつの転機になっていると思う。これまで興味をもってはいたものの踏み出せずにいた植物にも研究を広げ、おもしろい発見が次々に生まれてきているのだ。

日本列島でチャルメルソウ節以上に際立った多様化を遂げた植物のグループは、多くはないもののいくつか知られている。なかでも昔から気になっていたのが、それぞれ日本列島で50種以上も知られているカンアオイ属とテンナンショウ属だ。これは偶然なのかどうかはわからないが、どちらの属でも調べられているかぎり、キノコバエ類が送粉するということにも何だか運命的なものを感じる。

たとえば、カンアオイ属についてはほとんどの種で送粉者がまったく未解明なままだが、花形態の多様性が際立っていることに加え、著しく多様な花の香り組成を有することが明らかになってきた[52)]。それぞれどのような昆虫が送粉しているのかまだ予想もつかないが、種ごとに送粉者が異なり、それが日本列島で多様な種を生んだ1つの要因である可能性は十分に考えられる。送粉者による種分化を研究するうえで、これほど魅力的なフロンティアはそうないだろう。

思い返してみれば、ちょうど学位を取った10年前は、チャルメルソウ類のほかに研究を広げる現実的なイメージなどまったく思いつくことはなかったのが、このように花の香りの適応進化を軸としてさまざまな植物を研究材料にする道が拓きつつあることには隔世の感がある。そして今から10年後、この余りある魅力をもった植物たちの研究はどのような展開を見せているだろうか。その植物本来の魅力に引けを取らない、世界中の生物学徒をうならせるような発見は生まれているだろうか。そして、その魅力が一般にも伝わり、かけがえのない地域の自然の価値が改めて共有されるきっかけになったりするだろうか。ひとつ確信できることは、僕自身は研究を進めれば進めるほど植物とそれにかかわる生き物たちの魅力にいっそう引き込まれ、けっして飽きることはないだろうということだ。

おわりに

まばゆい日差しに抜けるような青空。雪のように白い砂浜がひろがっている。踏み出すと、目の前をものすごい速さで小さなカニの影が横切る。波打ち際までたどりつき、少しひんやりした水の感触を求めて白い砂を掘る。つるっとした手触りの白い三角の二枚貝が無数に出てくるが、波が打ち寄せるたびに二枚貝たちは砂の下に消えていく。そのようすがおもしろいので、また掘り返す。すると、砂の中からはときおり二枚貝だけでなく、古代の三葉虫の生き残りではないかと思えるような姿の生き物も現われ、そそくさと砂に潜ってゆく。

打ち寄せる波の先に目をやれば、白い砂はそのまま輝きを帯び、透き通るような水色に移り変わる。その先の深みのところどころには、大きな黒いかたまりが不気味に揺らめいている。涼を求めて水に入り泳いでゆくと、足にまとわりつく感覚でその黒いかたまりは海草の藻場であることがわかる。気味の悪いその場所を避けて、白い砂地が見える場所を泳いでいると、水底にはところどころ黒くて細長い生き物が転がっていて、こちらは踏んづけるとぐにゃりとした感触。

水遊びにも疲れて、細かく定規で引いたような葉脈の落ち葉が敷き詰められた木陰に戻ってからだを休めていると、足下には大きなヤドカリが闊歩している。背負っている殻は、近くでしばしば見かける巨大でちょっとグロテスクなカタツムリのものである。横に目をやれば、建物の壁で黄緑色のトカゲが鮮やかなピンク色の喉袋を帆のように広げている。捕まえようと手を伸ばすと、すばやい身のこなしでなかなか捕まえられない。ようやく捕まえると、そいつは赤い口を開けて手に噛みつき、僕は意表をつかれて手を離す。
——これは僕の原風景、旅行会社に勤めていた父の赴任先であったサイパンで3歳から6歳までの幼少期を過ごしたときの記憶である。今書いた場面に出てくる生き物が、ミナミスナガニ、フジノハナガイ、スナホリガニ、ウミショウブ、ニセクロナマコ、フクギ、オカヤドカリ、アフリカマイマイ、グリーンアノールという名前であろうということを知るのはずっと後のことであるが、とにかくこれら幼少期に遊び相手とした生き物たちのことをよく憶えている。この体験があったからなのか、それとも生まれつきなのか、僕はその後もずっと生き物のことばかりを考えている人間であった。

小学校に上がるころ帰国し、こんどは大阪府吹田市江坂に住んだ。今では開発が進んで大きく変わってしまった地下鉄御堂筋線沿線のこの場所だが、約25年前には田んぼも畑もそこかしこにあり、夜はアマガエルの大合唱が聞こえる里山の風景がかろうじて残っていた。今はもうない空き地の原っぱに足繁く通い、ショウリョウバッタ、クルマバッタ、オオカマキリ、アブラゼミを捕まえ、その脇を流れるドブ川に入っては、小魚やスジエビ、アメリカザリガニを捕まえていた。そして何といっても憧れは、原っぱ脇の雑木林にごくまれに現われるクワガタムシ、とりわけヒラタクワガタであった。ヒラタクワガタには結局2回しか出合わなかったが、そのときの感動、そして最初に発見した友人への羨望は、いまだに忘れることができない。

さらに小学校5年生のころ、バブル期のニュータウン開発まっただ中であった兵庫県猪名川町に移り住むことになった。郊外にはゲンジボタルが舞い、巨大なミヤマクワガタもそれほど珍しくないこの場所の豊かさに心躍ったものだった。新たにできた友人は、グミの実、イタドリの新芽、そしてキイチゴなど、道端には食べられる植物もあるということを当然のことのように教えてくれた。身のまわりに食べられる植物がありふれているなんて、それまでの自分には考えもつかないことだった。

ちょうどそのころ、僕が住んでいた猪名川町のショッピングセンター「日生中央サピエ」で、夏休みの子ども向け昆虫展が行なわれていた。そこで出会ったのが、主催していた大阪府立大学の石井実先生と、広渡俊哉先生（広渡先生は近年九州大学に移られた）であった。石井先生と広渡先生は、展示の始まりから終わりまでずっと張り付いている僕にとても親切にしてくださり、広渡先生はついには（おそらく僕の執念に根負けして）展示のための昆虫採集に一緒に連れて行ってくださったほどだった。ここでおそらく僕は初めて、自然史研究の真っ当な手ほどきを受けたのだと思う。

スポーツが大の苦手であった僕は、中高の６年間は「順当に」生物部に入り生き物三昧で過ごした。といっても、ふだんやっていたのは、ほとんど無目的に生き物を飼育・愛玩したり、ライトトラップで学校周辺の昆虫を片っ端から捕まえるなどの活動がもっぱらで、学問とはおよそ縁遠いものであった。

そんな高校のころ出合った本が、利根川進博士とジャーナリストの立花隆氏との対談本『精神と物質』であった。当時の自分にも、分子生物学の黎明期の熱気、そしてそんななかで利根川博士がいかに独創的な研究を行なっていたかがはっきりと読み取れ、分子生物学の道を志したいと思うようになった。とくによく憶えているのは、「科学をやるにはあまりに短い人の一生、人生を賭けるに値するテーマを見つける前に、どうでもいいような研究を始めてはいけない」という主旨の利根川博士の言葉であった。

さて、人生を賭けるに値するテーマとは何だろうか。『精神と物質』を読み返してみると、利根川進博士は次のようなことを述べている。「真にサイエンスにとって重要なテーマを追い求めるべし」。また、こんな言葉も見つけてしまった。「自称サイエンティストのほとんどは、サイエンスにとってはいてもいなくてもいい存在である」。

しかし、今になって考えると、僕にとって研究を進める動機というのは、サイエンスにとって重要かどうか、という大上段に構えたものではなくて、もっと個人的なもののように思われる。それで、現実には分子生物学も関係なくはないが、いわゆる「モデル生物」ではなくてもっと心惹かれる「なんだか変な生き物」の研究に邁進しているのは本書で述べてきたとおりである。

僕がこんな研究のスタイルを固めるようになった大きな出来事がいくつか思い当たる。なかでも大きかったのは、母の病気と死であった。母は僕が 13 歳のころ離婚し、それからは女手一つで僕と妹を育て上げてくれた。母はわが子の幸せのためなら自らの苦労を顧みない人であった。けっしてストイックというわけではなく、そのぶん老後は悠々自適に過ごしたいと考えていたのだろう。しかし、それはついに叶うことなく 49 歳のとき病に倒れ（僕は当時修士 2 年生であった）、55 歳で亡くなってしまった。

母は進行がんと診断された。しかも診断当初から状況は相当厳しいものだった（治療はある程度奏功し、闘病中にも行きたかった海外旅行もできるほど体調がよい期間をそれなりに維持できていたのは幸いだった）。母の病気を知ったときは、自分の研究が、学んできたものが、母の命を救うのに（当然のことながら）何の役にも立たないことに絶望したものだった。それまで自分の学問のおもしろさを疑うことなどなかった僕であったが、このときばかりは、いったいこんなことをやっていて何の意味があるのだろうと本気で悩んだのである。

しかし振り返ってみると、このときの経験があったからこそ迷いがなくなったようだ。人生は短い。つまるところ、いちばんおもしろいと思うことを追究することでしか、僕のような研究者がベストパフォーマンスを発揮する余地はないのだ。科学がなにかと「役に立つ」ことを期待されるご時世ではあるけれど、このような姿勢でいてこそ開ける世界もあると信じている。幸いなことに多様な生き物に心惹かれる人は僕だけでなく、世の中にたくさんいるようだ。情熱をもってそれまで知られていなかった生き物の世界を見いだし、記録し、共有することで、チャルメルソウやキノコバエのような誰も目もくれないような「なんだか変な生き物」にも相応の価値が見いだされるかもしれない。それが生き物に興味をもつ人々の輪を広げ、また、このような研究者のあり方へのサポートにもつながる、というのはいささか夢見が過ぎるであろうか。

それにしても気がかりなのは、逐一耳に入ってくる日本の、そして世界各地での痛ましい自然破壊と生物多様性の消滅という現実である。たとえば僕が植物の美しさに心を奪われるきっかけとなり、さらに最初の重要な発見ができた芦生の森も、ニホンジカの個体数増加と採食圧により変わり果てた姿となってしまった。あれほどたくさん生え、無数の果実をつけていたモミジチャルメルソウも、今では探さなければ見つからないほどに減少している。

結局のところ、生物学の研究成果たる論文も、その対象生物や地域の自然が消失してしまえば、もはや誰も再び確認することが叶わない、ただの記録に成り下がってしまう。だから僕のような（とくに保全生物学を研究テーマとしているわけではない）生物学者こそが、研究対象が突如として喪われてしまうかもしれないという危機感と否が応にも向き合っていかなければならないし、これからはおもしろさだけではなく、このような危機感をこそ世に訴える責任があるだろう。ちょうど、この原稿の執筆を本格的に開始する前に娘が生まれ、現在２歳になる。いく度となく僕の心を打った美しく、カッコよく、おもしろい生き物たちの姿が、娘の生きる未来にも残っていてほしいとただそう願う。

本書は、僕が研究を始めた学生時代から今現在に至るまでの約

15年間の歩みを振り返りながら書き綴ったものだが、執筆の過程で本当にたくさんの人の助けがあって、今の自分があることを改めて思い起こさせられた。お世話になった方々のなかには本文中に紹介できなかった方も多いが、それらの方々にここで感謝を申し上げるとともに、そのご恩にはこれからもおもしろい研究成果を上げることで報いたいと考えている。

なかでも、一生を賭けるに相応しい学問への入口を示し、そのうえ右も左もわからないまま思いつきで研究を始めた僕を励まし、その研究が形になるまで粘り強く指導してくださった加藤真先生には感謝してもしきれない。加藤先生は数多くの独創的な自然史研究を手がける傍らで、山口県上関、沖縄県辺野古をはじめとして、取り返しのつかない自然破壊を伴う多くの開発案件に抗議の声をあげてこられた。先生はその運動に弟子を巻き込むことはけっしてしないが、僕はその背中を見て社会の中での自然史研究者のあるべき姿を学ぶことができた。先生の学問への姿勢を継承するとはどういうことか、これからも考え続けていきたい。

また、5年の大学院生時代を、そしてその後も研究のおもしろさを見失うことなくモチベーションを維持することができたのは、ともに過ごした加藤真研のメンバーとつねにいろんな生き物の熱い話題を交わし、研究発表や論文執筆についても気軽に相談して切磋琢磨できたおかげであった。縁起担ぎを大事にする先輩の畑啓生さんが広めた、論文投稿時に論文が「載る」ようにコンビニで「のり弁」を買って食べる“儀式”なども微笑ましい思い出である。

本書の第5章は、僕の研究キャリアの転機となった岩手時代のもので、本文中でも述べたがここでも多くの方にお世話になった。たった11カ月ではあったが、岩手県での日々、そして自然と風土は僕にとってかけがえのない思い出である。本章については寺内良平さんにも速やかに原稿を読んでもらいご意見をいただいた。深い感謝を申し上げる。

なお、本書の第６章以降で紹介した研究は、現職場である筑波実験植物園に勤務してからも手がけていたものである。僕がこれらの研究をなんとか成し遂げ、現在も相変わらず充実した研究生活を送れているのは、ひとえに職場スタッフの助けのおかげであり、こちらにも、いつもありがとうございますと心から感謝を申し上げたい。とくに植栽スタッフのきめ細かな管理のおかげで、自身の研究材料であるチャルメルソウ類やカンアオイ類その他のコレクションは世界一の規模になっていると自負している。「生きたコレクション」を活用した研究は、国内ではどんな大学機関にもできない筑波実験植物園の独壇場といえるが、それはこの体制があってこそ初めて可能になっているのだ。これからも研究で、そして展示でも、筑波実験植物園から全国に植物学のおもしろさを発信していきたい。

そして本書の出版は、執筆者として僕を推薦してくださった監修者の塚谷裕一さん、そして編集者の浦山毅さんの尽力なしにはありえなかったことを申し添えたい。過去のメールを見直してみたら、最初にこの本の話を塚谷さんからいただいたのはもうずいぶん前、2013年９月のことであった。一人で一冊の本を書くという経験がなかった僕は最初、塚谷さんから話をいただいた際にお断りしたのだが、フィールド研究と進化遺伝学研究をつなぐ若手研究者として真っ先に思いついたので書いてほしいというもったいないような塚谷さんの言葉に、ついついいい気になって結局引き受けてしまったのだった。

しかし、本一冊という仕事はやはり重く、先の５人のシリーズ執筆陣のレベルの高さにも尻込みして、また子育ての最中でもあったため、書き出しにすら躓くようなありさまで、ズルズルと月日だけが経っていった。そんななか、浦山さんにはなかなか原稿を進められない僕に本当に粘り強くプレッシャーをかけていただき、予定より執筆が実質２年？いや３年？以上遅れて出版自体が危ぶまれるなか、なんとか本書の出版までこぎつけていただいた。おそらく関係者との調整でもずいぶんと骨を折ってくださったのだろうと想像する。また、塚谷さん、浦山さんのご両名には、短いスケジュールのなかでていねいに文章のチェックをしていただいた。このように、僕自身の怠慢で多大なご負担をおかけしたうえで、なんとかこの本を世に出していただいたということに、本当に感謝の言葉もないほどである。

最後に、研究者として、また一自然愛好家としても、一家庭人としても日々充実した生活を送ることができているのは、ひとえに妻、後藤ななのおかげであり、本書を最初に彼女に捧げたい。彼女はそもそもカンアオイの研究に学生時代を捧げた人物であるので、生き物への興味も僕とよく似ていると思う。それでも、珍しい生き物に注目しがちな僕とは対照的で、つねに身近な足元の自然を見つめている彼女の視点は、出会った当初から新鮮で今ではなくてはならないものである。二人で（そしてきっともうすぐ娘と三人で）同じ自然を、生き物を見て、それについて語り合うことができるのは本当に豊かで幸せなことだ。

研究面でも、新しい発見があるたび（それが彼女にとって興味深いかどうかなどおかまいなしに）真っ先に彼女にそのことを話してしまう。ときにはこちらの発見への興奮ぶりを冷ややかに見られることさえあるのだが、彼女の反応は異なる視点から自分の研究を見つめ、価値を再発見するきっかけにもなってきた。そんな研究本位、自分本位な僕にときどき呆れていることは重々承知しているけれど、どうか愛想を尽かさずこれからも末永くお付き合いいただきたいなどとここで改めて勝手なお願いをして、本書の結びとしたい。

参考文献

1) Toju, H., Sota, T.：Imbalance of predator and prey armament: geographic clines in phenotypic interface and natural selection. *American Naturalist*, **167**, 105-117 (2005)

2) Zangerl, A. R., Berenbaum, M. R.：Increase in toxicity of an invasive weed after reassociation with its coevolved herbivore. *Proc. Natl. Acad. Sci.*, **102**, 15529-15532 (2005)

3) Treseder, K. K., Davidson, D. W., Ehleringer, J. R.：Absorption of ant-provided carbon dioxide and nitrogen by a tropical epiphyte. *Nature*, **375**, 137 (1995)

4) Ollerton, J., Winfree, R., Tarrant, S.：How many flowering plants are pollinated by animals? *Oikos*, **120**, 321-326 (2011)

5) Sakai, S., Inoue, T.：A new pollination system: dung-beetle pollination discovered in *Orchidantha inouei* (Lowiaceae, Zingiberales) in Sarawak, Malaysia. *Amer. J. Botany*, **86**, 56-61 (1999)

6) Sakai, S., Kato, M., Nagamasu, H.：*Artocarpus* (Moraceae) –gall midge pollination mutualism mediated by a male-flower parasitic fungus. *Amer. J. Botany*, **87**, 440-445 (2000)

7) Kato, M.：Origin of insect pollination. *Nature*, **368**, 195 (1994)

8) Kato, M., Inoue, T., Nagamitsu, T.：Pollination biology of *Gnetum* (Gnetaceae) in a lowland mixed dipterocarp forest in Sarawak. *Amer. J. Botany*, **82**, 862-868 (1995)

9) Bradshaw, H. D., Wilbert, S. M., Otto, K. G., Schemske, D. W.：Genetic mapping of floral traits associated with reproductive isolation in monkeyflowers (*Mimulus*). *Nature*, **376**, 762-765 (1995)

10) Bradshaw, H. D., Schemske, D. W.：Allele substitution at a flower colour locus produces a pollinator shift in monkeyflowers. *Nature*, **426**, 176-178 (2003)

11) Kitamura, S., Yumoto, T., Poonswad, P., Chuailua, P., Plongmai, K., Maruhashi, T., Noma, N.：Interactions between fleshy fruits and frugivores in a tropical seasonal forest in Thailand. *Oecologia*, **133**, 559-572 (2002)

12) Kawakita, A., Kato, M.：Floral biology and unique pollination system of root holoparasites, *Balanophora kuroiwai* and *B. tobiracola* (Balanophoraceae). *Amer. J. Botany*, **89**, 1164-1170 (2002)

13) Sugawara, T.：Floral biology of *Heterotropa tamaensis* (Aristolochiaceae) in Japan. *Plant Species Biology*, **3**, 7-12 (1988)

14) Vogel, S., Martens, J.：A survey of the function of the lethal kettle traps of *Arisaema* (Araceae), with records of pollinating fungus gnats from Nepal. *Bot. J. Linnean Soc.*, **133**, 61-100 (2000)

15) Okuyama, Y., Kato, M., Murakami, N.：Pollination by fungus gnats in four species of the genus *Mitella* (Saxifragaceae). *Bot. J. Linnean Soc.*, **144**, 449-460 (2004)

16) 若林三千男：日本産チャルメルソウ属について．植物分類，地理，**25**, 136-153 (1973)

17) Soltis, D. E., Kuzoff, R. K.：Discordance between nuclear and chloroplast phyloge-

nies in the *Heuchera* group (Saxifragaceae). *Evolution*, **49**, 727-742 (1995)

18) Soltis, P. S., Soltis, D. E., Chase, M. W.: Angiosperm phylogeny inferred from multiple genes as a tool for comparative biology. *Nature*, **402**, 402 (1999)

19) Rieseberg, L. H., Soltis, D. E.: Phylogenetic consequences of cytoplasmic gene flow in plants. *Evol. Trends Plants*, **5**, 65-84 (1991)

20) Bock, D. G., Andrew, R. L., Rieseberg, L. H.: On the adaptive value of cytoplasmic genomes in plants. *Mol. Ecol.*, **23**, 4899-4911 (2014)

21) Sota, T., Vogler, A. P.: Incongruence of mitochondrial and nuclear gene trees in the carabid beetles *Ohomopterus*. *System. Biol.*, **50**, 39-59 (2001)

22) Okuyama, Y., Fujii, N., Wakabayashi, M., Kawakita, A., Ito, M., Watanabe, M., Murakami, N., Kato, M.: Nonuniform concerted evolution and chloroplast capture: heterogeneity of observed introgression patterns in three molecular data partition phylogenies of Asian *Mitella* (Saxifragaceae). *Mol. Biol. Evol.*, **22**, 285-296 (2004)

23) Soltis, D. E., Soltis, P. S., Collier, T. G., Edgerton, M. L.: Chloroplast DNA variation within and among genera of the *Heuchera* group (Saxifragaceae): evidence for chloroplast transfer and paraphyly. *Amer. J. Botany*, **78**, 1091-1112 (1991)

24) Soltis, D. E., Kuzoff, R. K., Mort, M. E., Zanis, M., Fishbein, M., Hufford, L., Koontz, J., Arroyo, M. K.: Elucidating deep-level phylogenetic relationships in Saxifragaceae using sequences for six chloroplastic and nuclear DNA regions. *Ann. Missouri Bot. Garden*, **88**, 669-693 (2001)

25) Pellmyr, O., Thompson, J. N., Brown, J. M., Harrison, R. G.: Evolution of pollination and mutualism in the yucca moth lineage. *Amer. Naturalist*, **148**, 827-847 (1996)

26) 小菅桂子・秋山弘之・田口信洋：ヨウ化メチル系薬剤による生物標本の最適燻蒸条件の検討，分類，**5**，21-32 (2005)

27) Okuyama, Y.: Pollination by fungus gnats in *Mitella formosana* (Saxifragaceae). *Bullet. Natl. Museum Nature Sci.Series B, Botany*, **38**, 193-197 (2012)

28) Mochizuki, K., Kawakita, A.: Pollination by fungus gnats and associated floral characteristics in five families of the Japanese flora. *Ann. botany*, **121**, 651-663 (2018)

29) Mayr, E.: Systematics and the origin of species, from the viewpoint of a zoologist. Harvard University Press (1942)

30) Okuyama, Y., Kato, M.: Unveiling cryptic species diversity of flowering plants: successful biological species identification of Asian *Mitella* using nuclear ribosomal DNA sequences. *BMC Evol. Biol.*, **9**, 105 (2009)

31) Okuyama, Y.: *Mitella amamiana* sp. *nov.*, the first discovery of the genus Mitella (Saxifragaceae) in the central Ryukyus. *Acta Phytotaxonomica Geobotanica*, **67**, 17-27 (2016)

32) Colosimo, P. F., Hosemann, K. E., Balabhadra, S., Villarreal, G., Dickson, M., Grimwood, J., Schmutz, J., Myers, R. M., Schluter, D., Kingsley, D. M.: Widespread parallel evolution in sticklebacks by repeated fixation of ectodysplasin alleles.

Science, **307**, 1928-1933 (2005)

33) Igic, B., Bohs, L., Kohn, J. R. : Ancient polymorphism reveals unidirectional breeding system shifts. *Proc. Natl. Acad. Sci.*, **10**, 1359-1363 (2006)

34) Zhou, T., Wang, Y., Chen, J. Q., Araki, H., Jing, Z., Jiang, K., Tian, D. : Genome-wide identification of NBS genes in japonica rice reveals significant expansion of divergent non-TIR NBS-LRR genes. *Mol. Genet. Genom.*, **271**, 402-415 (2004)

35) Ashikawa, I., Hayashi, N., Yamane, H., Kanamori, H., Wu, J., Matsumoto, T., Ono, K., Yano, M. : Two adjacent nucleotide-binding site–leucine-rich repeat class genes are required to confer Pikm-specific rice blast resistance. *Genetics*, **180**, 2267-2276 (2008)

36) Narusaka, M., Shirasu, K., Noutoshi, Y., Kubo, Y., Shiraishi, T., Iwabuchi, M., Narusaka, Y. : RRS1 and RPS4 provide a dual Resistance - gene system against fungal and bacterial pathogens. *Plant J.*, **60**, 218-226 (2009)

37) Okuyama, Y., Kanzaki, H., Abe, A., Yoshida, K., Tamiru, M., Saitoh, H., Fujibe, T., Matsumura, H., Shenton, M., Galam, D. C., Undan, J., Ito, A., Sone, T., Terauchi, R. : A multifaceted genomics approach allows the isolation of the rice *Pia*-blast resistance gene consisting of two adjacent NBS-LRR protein genes. *Plant J.*, **66**, 467-479 (2011)

38) Cesari, S., Thilliez, G., Ribot, C., Chalvon, V., Michel, C., Jauneau, A., Rivas, S., Alaux, L., Kanzaki, H., Okuyama, Y., Morel, J.-B., Fournier, E., Tharreau, D., Terauchi, R., Kroj, T. : The rice resistance protein pair RGA4/RGA5 recognizes the *Magnaporthe oryzae* effectors AVR-Pia and AVR1-CO39 by direct binding. *Plant Cell*, **25**, 1463-1481 (2013)

39) Ortiz, D., De Guillen, K., Cesari, S., Chalvon, V., Gracy, J., Padilla, A., Kroj, T. : Recognition of the Magnaporthe oryzae effector AVR-Pia by the decoy domain of the rice NLR immune receptor RGA5. *Plant Cell Online*, **29**, 156-168 (2017)

40) Couch, B. C., Fudal, I., Lebrun, M. H., Tharreau, D., Valent, B., Van Kim, P., Nottéghem, J.-L., Kohn, L. M. : Origins of host-specific populations of the blast pathogen *Magnaporthe oryzae* in crop domestication with subsequent expansion of pandemic clones on rice and weeds of rice. *Genetics*, **170**, 613-630 (2005)

41) Okuyama, Y., Tanabe, A. S., Kato, M. : Entangling ancient allotetraploidization in Asian *Mitella*: an integrated approach for multilocus combinations. *Mol. Biol. Evol.*, **29** (1), 429-439 (2012)

42) Crow, J. F., Kihara, H. : Japan's pioneer geneticist. *Genetics*, **137**, 891-894 (1994)

43) Kato, M., Takimura, A., Kawakita, A. : An obligate pollination mutualism and reciprocal diversification in the tree genus *Glochidion* (Euphorbiaceae). *Proc. Natl. Acad. Sci.*, **100**, 5264-5267 (2003)

44) Kawakita, A., Kato, M. : Repeated independent evolution of obligate pollination mutualism in the Phyllantheae–Epicephala association. *Proc. Roy. Soc. London B, Biol. Sci.*, **276**, 417-426 (2009)

45) Okamoto, T., Kawakita, A., Kato, M. : Interspecific variation of floral scent compo-

sition in Glochidion and its association with host-specific pollinating seed parasite (Epicephala). *J. Chem. Ecol.*, **33**, 1065-1081 (2007)

46) Johnson, S. D. : The pollination niche and its role in the diversification and maintenance of the southern African flora. *Philos. Trans. Roy. Soc. London B, Biol. Sci.*, **365**, 499-516 (2010)

47) Felsenstein, J. : Phylogenies and the comparative method. *American Naturalist*, **125**, 1-15 (1985)

48) Okamoto, T., Okuyama, Y., Goto, R., Tokoro, M., Kato, M. : Parallel chemical switches underlying pollinator isolation in Asian *Mitella*. *J. Evol. Biol.*, **28**, 590-600 (2015)

49) Okuyama, Y. : Compartmentalized floral scent emission in two species of *Mitella* (Saxifragaceae). *Bullet. Natl. Museum Nature Science. Series B, Botany*, **42**, 1-6 (2016)

50) Matsumura, H., Yoshida, K., Luo, S., Kimura, E., Fujibe, T., Albertyn, Z., Barrero, R. A., Krüger, D. H., Kahl, G., Schroth, G. P., Terauchi, R. : High-throughput SuperSAGE for digital gene expression analysis of multiple samples using next generation sequencing. *PLoS One*, **5**, e12010 (2010)

51) Okuyama, Y., Akashi, M. : The genetic basis of flower related phenotypic differences between closely related species of Asian *Mitella* (Saxifragaceae). *Bullet. Natl. Museum Nature Science. Series B, Botany*, **39**, 131-136 (2013)

52) Kakishima, S., Okuyama, Y. : Floral scent profiles and flower visitors in species of *Asarum* Series Sakawanum (Aristolochiaceae). *Bullet. Natl. Museum Nature Science. Series B, Botany*, **44**, 41-51 (2018)

53) Baldwin, B. G., Markos, S. Phylogenetic utility of the external transcribed spacer (ETS) of 18S–26S rDNA: congruence of ETS and ITS Trees of *Calycadenia* (Compositae). *Mol. Phylogenet. Evol.*, **10**, 449-463 (1998)

54) Okuyama, Y., Okamoto, T., Kjærandsen, J., Kato, M. : Bryophytes facilitate outcrossing of *Mitella* by functioning as larval food for pollinating fungus gnats *Ecology*, in press (2018)

55) Maddison, W. P. : Gene trees in species trees. *System. Biol.*, **46**, 523-536 (1997)

56) Jeffroy, O., Brinkmann, H., Delsuc, F., Philippe, H. : Phylogenomics: the beginning of incongruence? *Trends Genet.*, **22**, 225-231 (2006)

索　引

数字

2 倍体 ……… 106, 110
4 倍体 ……… 104, 106, 110
70-15 ……… 85
93-11 ……… 92
104 ……… 93

英字

Adh-1 ……… 90
AVR-Pia ……… 85
AVR-Pii ……… 85
AVR-Pik/km/kp ……… 85
BAC ……… 98
Bensoniella 属 ……… 41
COI ……… 69
Conimitella 属 ……… 41
COXI ……… 69
DNA バーコーディング ……… 56, 57, 67
eda ……… 77, 78
Elmera 属 ……… 41
GC-EAD ……… 148
GRAMENE ……… 90
GWAS ……… 138
Heuchera group ……… 19
HMA/RATX1 ドメイン ……… 101
Ina168 ……… 85
Lithophragma 属 ……… 41
Nature ……… 145
NBS-LRR ……… 90
NBS-LRR 遺伝子 ……… 90
Oryza rufipogon ……… 102
PCR 法 ……… 27
Peh-kuh-tsao-tu ……… 92
Pia ……… 85
Pii ……… 85
Pik/km/kp ……… 85
Pikm ……… 98
QTL ……… 4
QTL 解析 ……… 155
RAD-seq ……… 156
RGA4 ……… 94, 101
RGA5 ……… 98, 101
RPS4 ……… 98
RRS1 ……… 98
R 遺伝子 ……… 90, 98
Science ……… 145
S-RNase ……… 80
SuperSAGE 法 ……… 153
T-DNA 挿入系統 ……… 86
Y 字管 ……… 140

あ行

アイソザイム ……… 16
愛知旭 ……… 93
アオキ ……… 53
赤目 ……… 130
あきたこまち ……… 86
アケビカズラ ……… vi, vii
芦生 ……… i, 24, 81, 145
アニリンブルー ……… 64
奄美大島 ……… 71
アマミチャルメルソウ ……… 71
アンボレラ・トリコポダ ……… 19
異質倍数化（allo-polyploidization）
……… 104, 157

一塩基置換 ………………………… 86
一斉開花研究プロジェクト ………… 2
一般化加法モデル …………………… 68
遺伝マーカー ………………………… 155
遺伝学 …………………… 3, 77, 155
遺伝子組換え体 ……………………… 95
遺伝子クラスター …………………… 91
遺伝子進化の中立説 ………………… 44
遺伝子変換 …………………………… 107
遺伝子マーカー ……………………… 89
遺伝的距離 …………………………… 67
遺伝的構造 …………………………… 138
イトヨ ………………………………… 77
イネ ……………………………… 76, 83
イネいもち病 …………………… 76, 83
岩手県農業研究センター …………… 87
岩手生物工学研究センター ………… 76
インディカ米 ………………………… 91
イントロン …………………………… 95
エクソン領域 ………………………… 86
エゾノチャルメルソウ ………… 13, 119
オオチャルメルソウ ………… 59, 65, 71
オサムシ ……………………………… 22
オモビロルリアリ …………………… vi

か行

核 DNA ………………………… 20～23
核 ETS 領域 …………………… 26, 28
核 ITS 領域 ………… 20, 23, 24, 26, 28
核 rDNA ………………… 57, 68, 70, 152
核リボソーム 18S RNA 遺伝子 ……… 26
核リボソーム DNA …………………… 20
核リボソーム ETS と ITS 領域 ……… 57
花香成分 ……………………………… 133
花香物質 ……………………………… 133
カサラス ……………………………… 94
過剰発現 ……………………………… 97
ガスクロマトグラフ触角電位検出
　実験（GC-EAD）………………… 148
カスケード山脈 ……………………… 36
化石 …………………………………… 47
カタグルマ（*Tolmiea*）属 ………… 41
褐点性病斑 …………………………… 88
過敏感反応 …………………………… 84
花粉管 ………………………… 64, 80
花粉稔性 ……………………………… 67
顆粒型デンプン合成酵素 A
　（GBSSI-A）……………………… 108
顆粒型デンプン合成酵素 B
　（GBSSI-B）……………………… 108
カンアオイ類 ……………… 13, 158
カンコノキ ………………… 31, 124
キスゲ属 ……………………………… 61
キノコバエ ………………… 12, 158
キノコバエ媒 ……………… 41, 46
貴船 ………………………… 131, 140
キャピラリー式全自動 DNA
　シーケンサー ……………………… 44
吸着剤 ………………………………… 126
協調進化 ……………………………… 107
京都大学野生生物研究会 …………… 4
グネツム ……………………………… 3
クマチャルメルソウ ………………… 74
組換えタンパク質 …………………… 153
クロクモソウ ………………………… 53
クローニング ………………………… 153
クロマトグラム ……………………… 132
系統学的独立比較 …………………… 137
系統学的独立比較法 ………………… 135
系統樹推定 …………………………… 115
ゲノムサイズ ………………………… 156

ゲノム配列 …… 81
ゲノムワイド連関解析（GWAS）…… 138
降海型 …… 78
交雑 …… 105
抗体の多様性 …… 101
交配可能性 …… 55
交配後隔離 …… 128
交配前隔離 …… 129
口吻の発達しないキノコバエ類 …… 51, 52, 130, 134, 137, 141
候補遺伝子 …… 138
国立科学博物館筑波実験植物園 …… ii, iv, vi, 99, 103
コチャルメルソウ …… 19, 58, 64, 128, 130, 133, 151, 156
コミカンソウ科 …… 124

さ行

細菌人工染色体（BAC）…… 98
最節約法 …… 48, 115
栽培イネ …… 91
栽培化 …… 91, 102
細胞死 …… 95
最尤法 …… 48, 50, 115
サカサチャルメルソウ …… 33
ササニシキ …… 86, 93
雑種 …… 151
査読者 …… 147
サブクローニング …… 27
サブゲノム …… 104, 108, 110, 117, 119, 157
皿型 …… 50
サワダツ …… 53
自家不和合性 …… 79
自家和合性 …… 79
識別形質 …… 55
シコクチャルメルソウ …… 13, 50, 130
雌性先熟 …… 62
雌性両全性異株 …… 13
次世代シーケンサー …… 76
自然雑種 …… 129
自然選択 …… 102
シトクロムオキシダーゼサブユニットＩ …… 69
姉妹種 …… 131, 151
ジャポニカ米 …… 91
種 …… 55
ジュウジチャルメルソウ …… 34
雌雄異株 …… 13
重複遺伝子 …… 27
種間雑種 …… 128
樹形 …… 115
種子散布 …… 5
種生物学会 …… 60
種の起原 …… 127
種分化 …… 103, 122, 127, 129, 145, 150
ショクダイオオコンニャク …… vi
植物系統分類学 …… 3
シロイヌナズナ …… 98
シングルコピー遺伝子 …… 108
新種 …… 71
真正双子葉植物 …… 108
スクリーニング …… 87
ズダヤクシュ …… 50, 119
生殖隔離 …… 56, 60, 62, 65, 67, 68, 128, 129, 130, 145, 152
性的二型 …… 13, 121, 157
生物学的種 …… 128
生物学的種概念 …… 3, 55, 56, 67, 129
生物間相互作用 …… 47
生物自然史基礎論 …… 1
生物多様性 …… 127

絶対送粉共生系 …… 125
全ゲノム配列 …… 156
染色体 …… 104
染色体数 …… 104
送粉共生 …… 150
送粉者 …… 4, 8, 129, 135, 145
送粉者隔離 …… 129, 131, 150
送粉生物学 …… 30, 129
祖先形質復元 …… 47〜50, 81

た行

大学院進学 …… 23
第二世代シーケンサー …… 76
大文字山 …… 126, 140
タイワンチャルメルソウ …… 51, 72, 103
タカネチャルメルソウ …… 104, 106, 110, 117, 157
タクソンサンプリング …… 42
多型 …… 92
タケシマラン …… 53
タマバエ …… 3
短粒種 …… 91
チャルメラ …… 46
チャルメルソウ …… 7, 11, 19, 24, 25, 27, 50, 58, 125, 128, 130, 133, 142, 151
チャルメルソウホソヒゲマガリガ …… 34
チャルメルソウ節（section *Asimitellaria*）…… 57, 66, 103, 119, 128, 151, 157
チャルメルソウ属 …… 44
チャルメルソウ類 …… 19, 30, 55, 103, 150
超並列 DNA シーケンサー …… 71
超並列シーケンサー …… 76, 81, 86
長粒種 …… 91
筑波実験植物園 …… ii, iv, vi, 99, 103
ツチトリモチ属 …… 7
ツツザキツボサンゴ …… 35
ツバキ …… ii, iii
ツバキシギゾウムシ …… iii
ツボサンゴ（*Heuchera*）属 …… 35, 41
抵抗性因子（*R* 遺伝子）…… 84
テリマ（*Tellima*）属 …… 41
テリマ・グランディフロラ …… 110, 119, 157
テンナンショウ属 …… 158
テンナンショウ類 …… 13
同質倍数化（auto-polyploidization）…… 104
動物媒花 …… viii
トサノチャルメルソウ …… 59, 65, 130
突出型 …… 50
突然変異体 …… 86
トラブル …… 37
トランスクリプトーム解析 …… 153
取り囲み型 …… 50

な行

ナス科 …… 79
二型 …… 102
日本学術振興会特別研究員 …… 76
日本固有種 …… 103
日本晴 …… 94
能動的送粉 …… 124

は行

バイオアッセイ …… 139
倍数化 …… 104
倍数性 …… 104
パースニップ …… v
ハチドリ …… 4, 130
ハナツヅリマルハキバガ …… v

花の香り……………………125, 132, 135, 150
ハナバチ……………………………………130
ハナホソガ……………………31, 124, 141
ハナホソガ（Epicephala）属………124
ハマカンゾウ……………………………61
パンコムギ………………………………122
繁殖能力……………………………………64
パンノキ………………………………………3
ひとめぼれ…………………………86, 94
非病原性因子（AVR）……………………84
ヒメチャルメルソウ………………………73
ヒメノモチ…………………………97, 99
非モデル植物………………………………81
品種……………………………………………91
フタバチャルメルソウ…………110, 122
ブートストラップ確率…………………110
負の頻度依存選択…………………………80
プラスミド…………………………………95
フラノクマリン………………………………v
プロトプラスト……………………………95
分子系統解析………………………………17
分子系統学…………………………………43
分子生物学……………………………………3
分泌タンパク質……………………………84
ベータオシメン………………127, 137
ベータカリオフィレン…………………137
母系遺伝……………………………………20
ポジショナルクローニング……77, 89, 98
ホスホエノールピルビン酸
　カルボキシキナーゼ（PepCK）……108
ホタルルシフェラーゼ遺伝子…………97
ボルネオ………………………………………2

ま行

マルチコピー遺伝子……………………108
マルハナバチ…………………………4, 35
マルバチャルメルソウ…………110, 119
マルバノキ…………………………………53
ミカドシギキノコバエ
　……………12, 126, 130, 134, 137, 141
ミカワチャルメルソウ…………71, 156
ミゾホオズキ属……………3, 60, 130
ミトコンドリアDNA……………20, 22
ムラサキマユミ……………………………53
メタンスルホン酸エチル（EMS）……86
蒙古稲……………………………87, 94
モデル生物…………………………………81
モミジチャルメルソウ
　………………i, 11, 19, 24, 25, 27, 130

や行

ヤガ……………………………………………3
屋久島………………………………………72
野生型………………………………………87
野生種イネ………………………………102
ヤマトチャルメルソウ…………74, 130
ユウスゲ……………………………………61
尤度…………………………………………48
ユキノシタ科…………………19, 27
ユッカ………………………………………31
ユッカガ…………………………31, 34
ユビキチンプロモーター………………97
良い種………………………………………56
葉緑体DNA
　…………17, 19, 20, 23, 25, 28, 57, 68, 70
葉緑体発現型グルタミン合成酵素
　（GSⅡ）………………………………108
葉緑体捕獲…………………………20, 23

ら行

ライラックアルコール …………127, 137
ライラックアルデヒド
……………122, 127, 133, 137, 139, 150
ランモドキ（ローウィア）……………3
陸封化 ……………………………………77
陸封型 ……………………………………78
リジェクト ……………………15, 146
リナロール ……………………127, 133
リボソーム RNA 遺伝子 ………………27
量的遺伝子座（QTL）…………………4
リンゴツバキ ……………………………ii
レポーター ……………………………97
連鎖 ……………………………………155

【担当監修者紹介】
塚谷裕一（つかや・ひろかず）
1964年生まれ。東京大学大学院理学系研究科博士課程修了、博士（理学）。現職は東京大学大学院理学系研究科教授。岡崎統合バイオサイエンスセンターおよび放送大学客員教授も務める。おもな著書に、『漱石の白くない白百合』（文藝春秋）、『変わる植物学、広がる植物学』（東京大学出版会）、『スキマの植物図鑑』（中公新書）など。趣味は、植物に関するさまざまなこと、エッセイ書き、おいしいもの探索など。

【著者紹介】
奥山雄大（おくやま・ゆうだい）
1981年生まれ。京都大学大学院人間・環境学研究科博士後期課程修了。博士（人間・環境学）。現在は国立科学博物館植物研究部研究主幹（兼）筑波実験植物園研究員。専門は植物学、生態学、進化生物学。趣味は旅行、生き物全般の観察のほかに漫画、映画鑑賞、ロールプレイングゲーム。作品としては特に「ジョジョの奇妙な冒険」、「トランスフォーマー」、「ロマンシングサガ」シリーズをこよなく愛している。

【監修者】
斎藤成也（国立遺伝学研究所教授）
塚谷裕一（東京大学大学院理学系研究科教授）
高橋淑子（京都大学大学院理学研究科生物科学専攻教授）

【著者】
奥山雄大（国立科学博物館植物研究部研究主幹 兼 筑波実験植物園研究員）

シリーズ　遺伝子から探る生物進化 6
多様な花が生まれる瞬間

2018 年 6 月 30 日　初版第 1 刷発行

著　者――――奥山雄大
監修者――――斎藤成也・塚谷裕一・高橋淑子
発行者――――古屋正博
発行所――――慶應義塾大学出版会株式会社
〒 108-8346　東京都港区三田 2-19-30
TEL〔編集部〕03-3451-0931
〔営業部〕03-3451-3584〈ご注文〉
〔　〃　〕03-3451-6926
FAX〔営業部〕03-3451-3122
振替　00190-8-155497
http://www.keio-up.co.jp/
装　丁――――辻　聡
組　版――――新日本印刷株式会社
印刷・製本――中央精版印刷株式会社
カバー印刷――株式会社太平印刷社

Printed in Japan　ISBN 978-4-7664-2300-6